U0872243

中核集团董事会运作实务

崔　攀　冯兴利　张哲宇　等　编著

中国原子能出版社

图书在版编目（CIP）数据

中核集团董事会运作实务 / 崔攀等编著. --北京：中国原子能出版社，2023.5
ISBN 978-7-5221-2717-0

Ⅰ. ①中… Ⅱ. ①崔… Ⅲ. ①原子能工业–国有企业–董事会–工业企业管理–研究–中国 Ⅳ. ①F426.23

中国国家版本馆 CIP 数据核字（2023）第 089970 号

中核集团董事会运作实务

出版发行 中国原子能出版社（北京市海淀区阜成路 43 号 100048）
责任编辑 田镇瑜
装帧设计 崔 彤
责任校对 冯莲凤
责任印制 赵 明
印　　刷 北京九州迅驰传媒文化有限公司
经　　销 全国新华书店
开　　本 787 mm×1092 mm 1/16
印　　张 8.5
字　　数 102 千字
版　　次 2023 年 5 月第 1 版 2023 年 5 月第 1 次印刷
书　　号 ISBN 978-7-5221-2717-0 **定 价** **42.00** 元

发行电话：010-68452845

本书编写组

潘建明　王国光　张　果　张国良
冯兴利　崔　攀　胡俏俏　王云默
张哲宇　李兴雷　崔明明　万　楠
王　凯　骆　毅　郝　蕴　牛婷婷
冯　印

前　言

Preface

中国核工业集团有限公司（简称中核集团）是我国核科技工业的主体，拥有完整的核科技工业体系，肩负着国防建设和国民经济与社会发展的双重使命。中核集团 2013 年 3 月正式启动规范董事会建设，特别是 2016 年国有企业党的建设工作会议以来，中核集团坚决贯彻落实“两个一以贯之”，坚持把加强党的领导与完善公司治理统一起来，守正创新，积极推进董事会建设，在建立具有中核特色的法人治理体系方面开展了有益探索，董事会与党组、经理层的职责不断清晰，“一核心一纽带双引擎六支撑（1126）”公司治理基本制度体系逐步完善，权责法定、权责透明、协调运转、有效制衡的公司治理机制进一步成型，董事会运作的规范性、有效性、科学性显著提升。

为进一步推进中核集团现代企业制度建设，激发企业活力，做实二级单位市场主体，中核集团于 2017 年启动了子公司董事会建设工作，完善了制度体系，明确了董事会设立原则和标准，建立了专职董事库，制定了董事会和董事的考核标准。经过几年实践，中核集团董事会建设逐步向下贯穿、纵深推进，子企业董事会建设已经从“有没有”转向“好不好”的新阶段，董事会“定战略、作决策、防风险”的功能作用持续提升，成效不断显现。

读万卷书还需行万里路。建立以董事会为核心的现代化企业制度是公司治理体系的前提，但在实际业务过程中如何能保证董事会高效、规范地运作更是重中之重。为扎实持续推进中核集团子企业建设更加专业尽责、规范高效的董事会，在总结中核集团董事会运作经验的基础上，重点针对规范高效召开董事会会议，以普遍适用、高效务实为原则，形成了董事会运作实务供交流学习。

目　录

Contents

第一章 董事会会议流程

董事会是企业治理的核心，也是联系股东和经理层的关键纽带。高质量的董事会会议则是确保董事会各项职能有效落地的基石。部分董事会工作人员往往被日常千头万绪的办事、办文、办会工作所束缚，对修炼会议安排这一“基本功”的自我要求逐渐松懈，很多工作仅仅满足于完成任务，将“办了”当作“办好了”、“做完了”等同于“做好了”，很多工作只知道怎么干，但不知为何干，甚至将一些长期遗留下的错误理念和固化习惯奉为圭臬。虽然短时间内通过“拆西补东”的办法，基本维持了董事会会议的正常组织与召开，但很多隐患实际已经埋藏在各项工作之中，成为董事会规范高质量运作过程中的“地雷”。特别是当遇到时间紧、任务重、议题多、组织难的重要会议或临时会议时，很多人就会显得无所适从、手忙脚乱，在一些细节上出现意想不到的纰漏，最终导致会议材料不尽如人意、会议流程杂乱无章、会议目的南辕北辙。

董事会作为企业重大经营管理事项的决策主体，要积极发挥定战略、作决策、防风险的功能作用，而董事会会议作为全体董事智慧的汇聚，是指引公司锚定方向、决策事项、严防风险的重要载体。如何确保董事会会议“审的好、审的精、审的准”一直是董事会工作机构在日常工作中的重点考虑和主要任务，其中，董事会会务是决定董事会作用发挥、保障企业规范高效运行的关键核心。因此将会议模板化、流程化，确保每次都能以高标准筹备，由家庭小作坊式的“良莠不一”转变为现代化工厂式的“如出一辙”，一份系统清晰的董事会会议筹备清单是必不可少的。

中核集团董事会经过多年的科学实践，结合自身行业特点和经验，逐步形成了以董事长领导、董事会秘书牵头、董事会办公室操刀、相关部门支撑的会议保障工作体系；制定了董事会议事规则、董事会会议议案管理办法、董事会各专门委员会工作规则、专门委员会支持部门管理办法和向外部董事提供信息管理办法等制度，全方位为公司董事会会议组织运作提供机构支持和制度保障。

中核集团董事会会议筹备由董事长负责统筹指挥，董事会秘书负责上下沟通、组织协调，对每次董事会会议方案和议案逐一把关；对于重大复杂问题，董事会秘书及时向董事长或其他高管人员汇报，协调高管人员和总部部门提供支持；对于董事会决议事项和会议纪要中明确的要求以及外部董事提出的建议，及时列入督办，落实闭环管理；专门委员会支持部门和总部其他部门根据职责提供专业支持，落实具体要求。

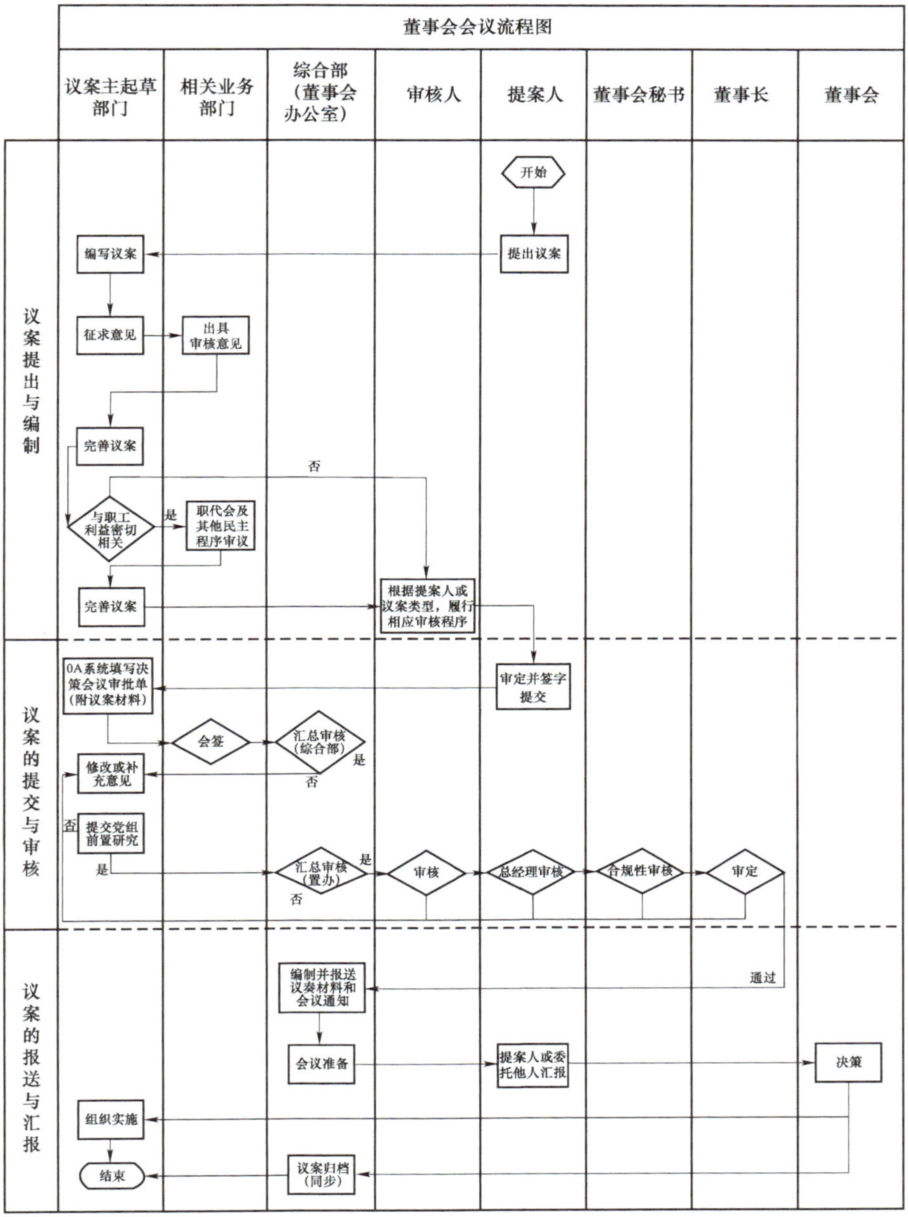

图 1-1　董事会会议流程图

一、董事会会议筹备阶段

邓小平在中共十一届五中全会上指出，“开会要开小会，开短会，不开无准备的会”。任何会议都是为了解决某些问题而召开的，因此只有想明白为什么开会、开会为什么，才能真正将问题端上“桌”，由各方面领导专家“会诊”，最终开出合适的“药方”。

董事会会议作为董事会“定战略、作决策、防风险”功能定位落地平台，一般分为定期会议和临时会议，定期会议通常每季度召开一次，重点对公司一段时间的生产经营情况和总经理的各项工作开展情况进行审议。此类会议在各个公司中均形成了固定的“套路”，议案类别、参会范围、会议形式等均有迹可循。

临时会议的来源主要是《公司法》规定的代表十分之一以上表决权的股东、三分之一以上董事或监事会以及董事长有权召集。董事会临时会议往往为了审议重大且紧急的事项。会议组织者必须深刻理解会议的召集原因，尽早确定议题和参会范围，按照有关制度规定，做好会议准备。

根据实际情况董事会定期会议和临时会议也可有细微的调整，但整体的必要清单和总的原则都是一致的，那就是切实提升会议质量，坚决杜绝形式主义。

（一）议案征集

董事会定期会议一般具有计划性和周期性，对于经常性审议的重要议题，可以在年初发布董事会年度会议计划中予以明确，并进行固化。对于此类议案，董事会工作人员重点要按会议预期时间及时跟踪议案情况，确保固定议题“不漏项”。

在跟踪常规议题的同时，还应主动了解企业日常投资、经营、科研等重大事项的开展情况，确保需董事会审议事项“不缺位”。为防止出现议而难定、决而难行的情况，就要求提前了解可能需董事会审议事项，收集相关资料和信息，开展必要的前期调研，充分掌握事项的前因后果，杜绝议题“带病上会”。

董事会筹备过程中主要有 4 个重要的节点，分别是征集议案、编写提交议案、印制议案材料和议案变更。为防止因时间过紧而导致董事没有足够时间研究议案，一般对应的环节时间点分别要求是董事会召开前 30 日、15 日、10 日和 3 日（临时会议分别为 15 日、10 日、5 日、3 日）。

表 1-1　议案的报送

议案的报送			
董事会办公室	议案起草部门	董事会办公室	
发出议题、议案归集通知 定期会议：30 日前 临时会议：15 日前	完成提案、审批流程、议案提交至董事会办公室 定期会议：15 日前 临时会议：10 日前	印制议案材料、发送会议通知 定期会议：10 日前 临时会议：5 日前	若议案有变化或变更议案，发出书面变更通知 3 日前

1. 发布议案征集通知

议案征集通知中应包括会议名称、会议届次、召开会议的初步时间、议案收集负责人，在通知中还应对“三重一大”事项前置审议、议案报送流程等相关注意事项进行提示，保证议案程序的准确。

中国核工业集团有限公司会议通知单 **关于征集中国核工业集团有限公司董事会××××年第×次会议议题议案的通知** 总部各部门： 根据中核集团董事会××××年度定期会议计划，中核集团董事会××××年第×次会议将于××××年××月××日召开。如有需上会审议的议题，请于××××年××月××日前通知中核集团董事会办公室。 请有关部门抓紧准备会议议案并履行报批程序，于××××年××月××日前提交中核集团董事会办公室。 联 系 人：××× 联系电话：××× 中核集团董事会办公室 ××××年××月××日

图 1-2　会议通知单

2. 议案编制及审核

为了确保议案材料的完整性和科学性，对于董事长、董事作为提案人的，由提案人指定某一部门，或由董事会秘书根据议题内容协调总部某一部门起草议案；总经理作为提案人的，由总经理指定总部某一部门负责起草议案；董事会专门委员会作为提案人的，由专门委员会支持部门根据议题内容商董事会办公室协调确定议案的起草部门。

在议案编制过程中应注意，所包含材料除制度要求的要件外，还应结合实际待审议事项情况，提供其他有利于董事掌握待审议事项情况的支持证明材料等，从材料上做好董事会会议的第一步。对于董事会决策后需上报股东方的事项，可以在提交董事会审议前，与股东方就事项核心情况进行沟通交流，确保董事会审议事项的可行性。此外对于涉及职工福利及切身利益的议案，除征求相关部门和股东方意见外，还应以职工代表大会等能保障职工权益的方式履行民主程序，并根据相关情况对议案进行完善。

表 1-2　决策性会议议题申报单

序号	申报会议类型	议题名称	议题类型	议题密级	汇报时间	汇报部门	汇报人	列席部门/单位	议题联系人	手机号码
	党组会/董事会/总办会		传达类/决策类/前置审议类		××分钟（仅汇报所需时间）			××部（张三），××公司（李四）注：部门由DB统一通知；各单位由议题部门通知		

议案草案完成后，议案起草部门应填写“决策性会议审批单”（附议案材料）履行会前审批流程，起草审批单时应注意董事会决策的议案属于“三重一大”事项需按规定提交党组前置研究，并在“上会依据”一栏中按照董事会权力清单选择对应所属的事项，切实保障议案合法合规。议案经相关部门会签、董事会办公室和董事会秘书规范性审核、集团公司主管领导和总经理审核同

意（必要时组织召开总经理办公会、专题会审议），并经党组会前置研究通过后提交董事会审议。

国有企业在公司治理中加强党的领导，符合我国基本国情和国有企业的具体实际，是现代企业制度中国化的有益探索。党的领导融入国有企业的公司治理，核心是落实党的领导，关键在于把党总揽全局、协调各方与企业的董事会、监事会和经理层等依法依章履行职能、开展工作统一起来。

企业一般应结合实际情况，编制前置事项和决策事项清单，不断优化完善党委（党组）工作规则、董事会工作规则、总经理工作规则等配套制度，明确党委（党组）在公司决策、执行、监督各环节的权责和工作方式，确保将党的领导落到实处，保证党中央重大决策部署和上级党组织决议有效贯彻落实。党委（党组）研究讨论重点研判是否符合党的理论和路线方针政策，是否贯彻党中央决策部署和落实国家发展战略，是否有利于促进企业高质量发展、增强企业竞争实力、实现国有资产保值增值，是否有利于维护社会公众利益和职工群众合法权益。董事会审议重大经营管理事项，重点研判其合法合规性、与出资人要求的一致性、与企业发展战略的契合性、风险与收益的综合平衡性。

（二）议案编制

1. 议案类型

董事会会议议案一般分为定期报告类、规划计划类、项目类、财务类、管理类和其他类等六种，每种议案类型的具体要求各有不同，议案主要是由提案、议案主体、议案说明和相关辅助支持材料等四部分材料组成，总体要求为：

（1）提案一般是指由提案人提交的需由董事会审议批准后执行的事项（包括议案名称、审议事项简述、审核或审议意见及附件），提案文字力求简洁。

（2）议案主体（提交会议审议事项的解决方案或完整的报告、计划、制度）。

（3）议案说明（是对事项的必要重点说明，帮助参会人员全面理解审议事项；审议事项较为简单的，可不做议案说明）。

（4）相关辅助支持材料（一般包括会议纪要、专项意见或其他论证、证明材料）。

CNNC

中国核工业集团有限公司董事会
××××年第×次会议材料之×

关于提请审议××××的议案

各位董事：

（一）事项简述，包括事项由来、基本情况和决策事项。

（二）审核或审议意见，包括党组会或总经理办公会的意见，专门委员会及其他方面的意见。

（三）根据中核集团董事会授权管理规定，提交董事会决策的原因。

请予审议。

附　件：议案说明
议案主体
辅助支持材料（附件多时建议单独成页）

图 1-3　关于提请审议××××的议案

2. 议案 PPT

会议 PPT 由议案起草部门负责制作，内容应与议案内容一致，整体格式保持简洁、美观，突出重点、言简意赅，PPT 一般采用 4∶3 格式（除特殊情况外）。PPT 整体汇报时间控制在 8～15 分钟，汇报内容应以为董事提供足够决策信息为原则，应全面完整，简明扼要，真实准确。

PPT 中应包含上会依据（如有关文件或制度要求），议题会商情况（如经过某部门会签/审批），前置审议情况及具体审议意见（如××××年×月×日，经××次党组会前置审议同意）。因为专委会通常没有决定权，因此专委会时 PPT 结尾提请事项一般为“建议同意×××事项，并同意提请中核集团董事会审议”；董事会时为“建议董事会同意×××事项”。

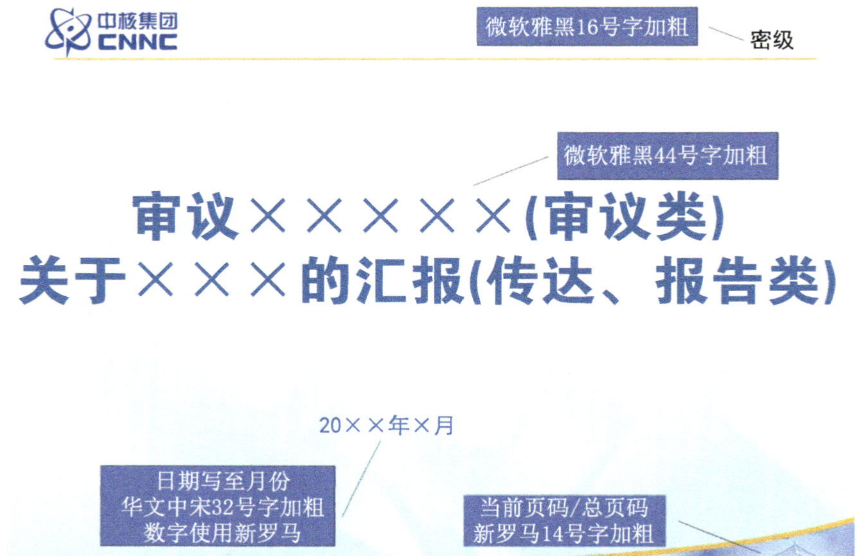

图 1-4 格式

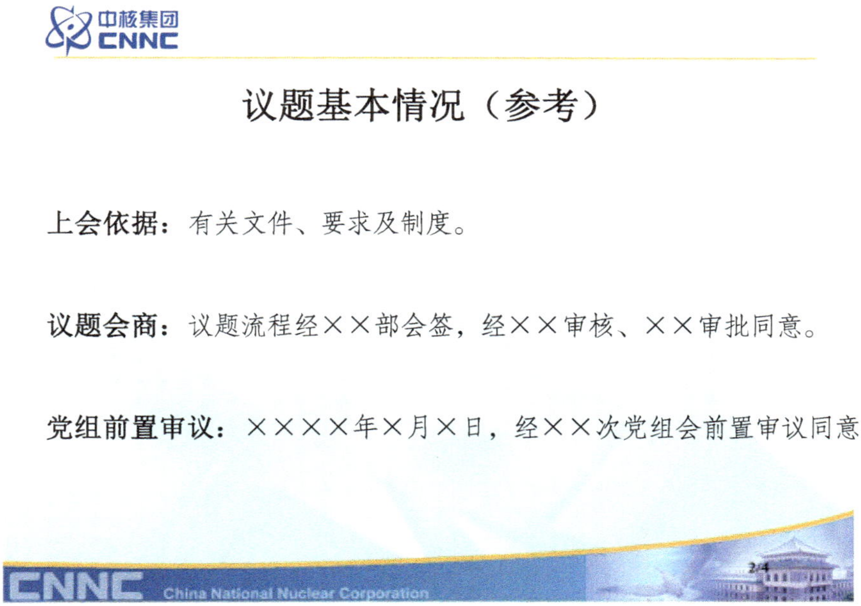

图 1-5　议题基本情况

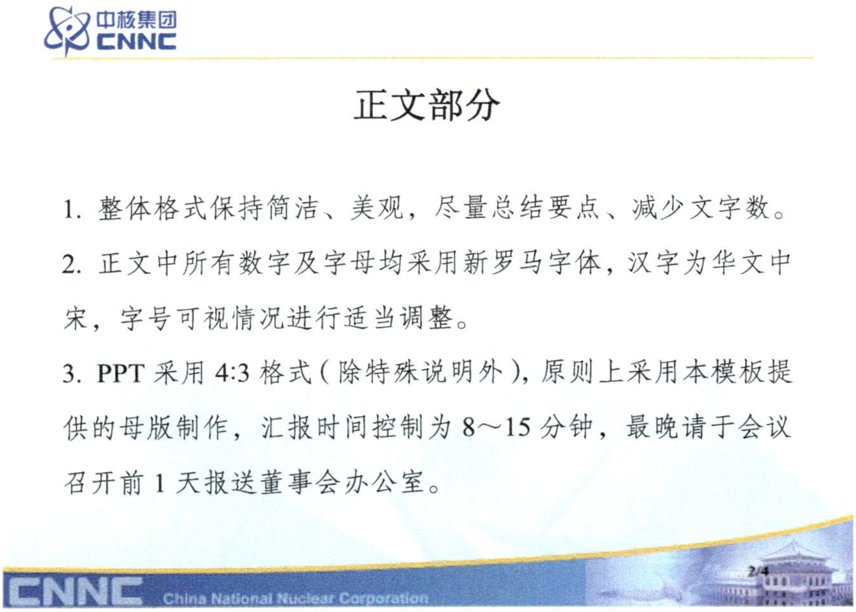

图 1-6　议题正文部分

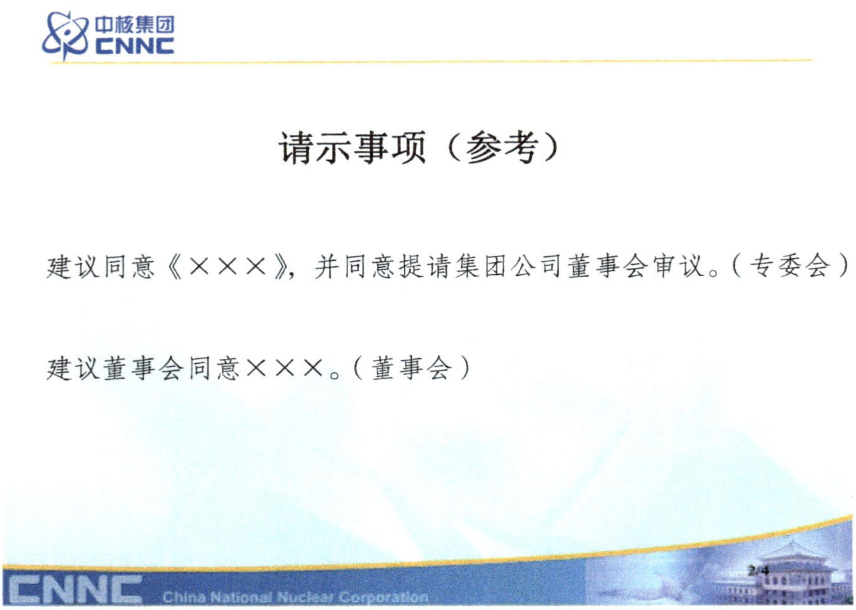

图 1-7　请示事项

3. 会议方案

会议方案是会议召开的核心，一个完善、全面、细致的会议方案是会议成功的关键。会议方案的编制重点还是以会议目的为出发点，明确会议的任务。

董事会会议常见的会议名称有两种，一种是“第×届董事会第××次会议”，另一种是“董事会××××年第×次会议”。两种会议的名称都能准确体现会议的本质，也没有明确的哪种说法更好。第一种便于统计同届董事会共召开会议次数，但当需要统计本年度董事会会议相关数据时较为复杂，而第二种则相反。为了同时取两种方法之长、避两种方案之短，可以在材料归档时，将两种方案相结合，如会议主体名称为“××××年第×次会议”时，在文件名前加上序号表示本届董事会总共召开会议数量。

当会议名称确定后，需及时按照自身实际情况协调确定会议时间和地点，并根据董事会办公室收集的待上会议题情况，筛选具备上会条件的议案，结合事项主管部门和自身日常工作中掌握的实际情况，提出参会范围和人员建议，形成会议请示方案。对于在本公司以外地点召开的会议，在请示方案中还需明确协办单位、工作责任、会议期间的接待和住宿安排、整体所需的预计费用等相关信息。

将全部信息收集完毕后，应及时按制度规定向董事长进行请示汇报，保证会议正式通知按规定时间发布。对于常规性会议，请示方案中主要包括会议名称和届次、说明是定期会议或临时会议（提议人和原因）、会议时间、会议地点、拟上会议题情况、是否召开专门委员会、会议的出席及列席人员，以及其他需要请示汇报的情况。

对于特别重大或复杂会议，还应对会议目的、议题基本情况、会议前后所有日程安排、住宿接待计划、会场情况、会务组织筹备情况、经费等进行进一步详细报告。

因董事会议题和会议均由董事长负责审定，请示报告抬头通常为“董事长”；正文第一段对会议重点进行概括性描述，后续根据方案的编制逻辑分条目进行报告。正文结尾处通常为“以上妥否，请批示”。正文部分要统筹考虑、目标清晰、思路明确。

关于中国核工业集团有限公司董事会
××××年第×次会议方案的请示

××董事长：

根据中核集团董事会定期会议计划（因××原因，按制度提请召开临时会议），拟定于××××年××月××日（周×）召开董事会会议，××月××日（周×）召开董事会×××委员会会议。现将有关情况报告如下。

一、议题收集情况

目前，已收集到需提请此次董事会会议审议类议题×项，汇报议题×项，讨论议题×项。具体情况为：

1. ××××××。

2. ××××××。

二、董事会及董事会×××委员会会议方案

1. ××月××日（周×），在×××会议室，召开董事会××××年第×次会议，参会人员为×××、××董事，列席人员为××、×××有关部门负责人，集团公司×××师、××××和其他相关领导、董事会秘书，总部有关部门和单位负责人（附后）。

2. ××月××日（周×）××：××，在×××会议室，召开董事会×××委员会××××年第×次会议，参会人员为×××、×××、×××，列席人员为集团公司相关领导和董事会秘书，总部有关部门负责人（附后）。

三、其他

×××××。

以上妥否，请批示。

附　件：1. 董事会会议安排

2. ×××专门委员会会议安排

中核集团董事会办公室

××××年××月××日

图 1-8　会议方案的请示

（三）会议通知与参会邀请

董事会会议方案确定后，按规定应在董事会会议召开前 10 日（临时会议为 5 日前）发布会议通知。会议通知的方法有书面通知、电话通知和口头通知。一般都应以书面形式通知参会人员。但对于突发性和临时性的会议，也可先行以电话或口头形式报告董事，随后及时将书面会议通知送达。

会议通知抬头一般为“各位董事”，但如果会议还邀请有上级或相关公司人员参加，应根据参会人员的单位、职务等信息，在标题中分别使用“召开”“邀请列席”“参加”等词语进行区别，抬头称谓也需进行适应性调整。会议通知正文中应包含会议日期、地点、会议举行方式（现场会议/通信会议/视频会议）、会议种类（定期会议/临时会议）、会议主要内容、会议联系人信息、落款等。

会议如在非惯例地点召开，通知中除要有上述常规内容外，还需明确会场和住宿的具体所在地、建议前往方式、接送站车辆信息、会议室门牌号、参会人员的房间号以及相关费用等相关信息。

无论会议通知如何变化，确保参会人员快速、准确掌握会议信息都是最基础的要求，要用最精练的语言进行表述，对于容易产生歧义的地方应进行注释。在通知起草完成后，应将自身作为第一次阅读通知的人，逐字逐句分析通知内容，杜绝“投影效应”，会议通知只有当任何对会议情况没有了解的人都能准确掌握核心内容时才是成功的。

中国核工业集团有限公司会议通知单

关于召开中国核工业集团有限公司董事会××××年第×次会议的通知

各位董事：

根据中核集团董事会定期会议计划，经请示，定于××××年××月××日（周×）召开董事会会议，××月××日（周×）召开董事会×××委员会会议。日程安排附后，敬请出席。

请您于××月××日前反馈能否出席。如您不能出席本次董事会会议，请委托其他董事代行职权（授权委托书附后，请选择其中一种授权方式）。

联系人：××× 电话：××××××

传 真：×××

附 件：1. 会议日程安排

2. 授权委托书

中核集团董事会办公室

××××年××月××日

图 1-9 会议通知单

中国核工业集团有限公司会议通知单

关于邀请列席中国核工业集团有限公司董事会××××年第××次会议及×××委员会第×次会议的函

×××、×××（有关司局）:

根据××××年度集团公司定期会议计划（或召开临时会议的原因），定于××月××日（星期×）××:××召开 ×××委员会，并于××月××日（星期×）××: ××召开董事会会议。特邀请贵局负责人列席会议。会议日程安排附后。敬请出席。

请于××月××日前反馈参会名单。

联系人：×××　电话：××××××

传　真：×××

附　件：1. 董事会会议日程安排

2. 专委会会议日程安排

3. 会议回执（单位、姓名、职务、联系电话）

中核集团董事会办公室

××××年××月××日

图 1-10　会议通知单

中核集团董事会及专门委员会会议回执

单位：__________

姓　名	职　务	联系电话	参加会议
			□专委会会议（如：战略委员会） □董事会会议
			□专委会会议（如：战略委员会） □董事会会议

注：请在"参加会议"列中。勾选参加会议的名称。

图 1-11　会议回执

因董事会是决策企业重大事项的权力中枢，董事一般无特殊情况均应出席董事会会议及其作为成员的专门委员会会议。但因特殊原因确实不能出席会议时，可以提交由该董事签名的授权委托书，委托其他董事代为出席并行使表决权。授权委托书应写明无法参会的原因、缺席会议名称、委托人姓名、受托人姓名、本人对各议案的表决意见、授权范围和授权期限等事项。外部董事一般应授权其他外部董事代为行使职权。

会议议程一般应当随会议通知一并公布，便于参会人员提前了解会议整体情况。会议开始时间一般不宜过早，同时应统筹考虑所有参会人员到达会场的时间，尽可能保障参会人员能准时到场；如果会议需要召开一整天时间，还需考虑中午用餐、午休等情况。会议召开的最佳时间，通常为上午 9:00—12:00，下午 2:00—5:00。

授权委托书

中核集团董事会：

因________________________原因，本人不能出席中核集团董事会××××年第×次会议，故委托________董事代为出席会议，并授权如下：

序号	议案	表决意见（请在选择的表决意见栏内打√）		
		同意	反对	弃权
1	××××××			
2	××××××			

对上述授权之外的事项，受托人__________（有权/无权）就需表决事项作出决断。

本授权有效期至××××年××月××日止。

委托人：__________

受托人：__________

______年__月__日

图 1-12　授权委托书

会议安排（议程）是对会议所有情况的统揽，议程编制完成后，交由会议主持人或相关领导审定。议程编制过程中需重点列明出席人员、列席人员、职务和议案汇报人。董事会会议一般应由经理层人员进行汇报。会议通常有很多议题，部分议题间有内在的逻辑关系，会务人员在编制顺序前应认真阅读会议材料，理清各项议案主要内容，合理确定议题顺序。会议一般将学习传达类、报告事项等安排在审议议题之前或之后，同时严格把控各个议案的时间，当整体议案数量较多或审议难度较大时，也可安排简要汇报，确保会议主要进程。

中国核工业集团有限公司董事会
××××年第×次会议安排

时　间：××月××日（周×）×:×
地　点：集团公司总部××会议室
主　持：×××董事长
出　席：××、×××董事
列　席：监事会、×××有关部门负责人
×××　×××职务（议题××）
（注：集团公司助理级领导列席议题时，在议题的列席人员中注明）

议　题：

1. 审议××××××的议案
汇报人：×××　职务
列　席：×××、××××主要负责人

图 1-13　会议安排

（四）会议材料印制与分发

董事会会议议案材料应完成所有审核流程和合规性审核，要件齐全、符合上会条件，提案人对议案的内容负责，并由提案人审定，会务人员通常仅针对格式和整体内容的适宜性进行校核。议案采用统一的格式进行印制，议案材料可打印装订为 A3 骑马钉薄册或胶装厚册，如议案主件或辅助材料较厚也可单独装订成册。董事会会议材料印制完成后，应及时分发给参会人员及其他应当提前掌握会议情况的相关人员。

（五）议案变更

在议案材料提交后，一般不可变更，若有特殊原因确需进行变更的，应按要求履行议案审核程序，并最晚在董事会召开前 3 日告知董事会办公室，并将变更理由、变更后的议案和新旧议案变更对照表一并提交至会务人员。会务人员在收到变更请求后，对于认为确需进行变更的发布议案变更通知，在通知中明确变更原因，附件包括变更后的议案及新旧议案变更对照表等能帮助参会人员迅速了解新议案的相关材料，及时印制变更后的议案并重新分送参会人员。

（六）会前材料复核

董事会会议作为公司决策会议，程序严、环节多、事务杂，在实际工作中要以高度的责任心认真开展会议准备工作，避免因经常筹备会议而产生的“想当然”“凭经验”的思想。为从根源上杜绝出现此类问题，切实保障每一次董事会会议都高标准、高水平完成，应梳理制定符合自身实际情况的会务工作清单。

中国核工业集团有限公司会议通知单

关于中国核工业集团有限公司董事会
××××年第×次会议××××议案变更的通知

因××××原因，经请示，××××议案准许进行变更。根据集团公司议案管理相关制度要求，现予以通知。修改后的议案及新旧议案变更对照表详见附件。

特此通知！

附　件：1. ××××议案
　　　　2. 议案变更对比表

中核集团董事会办公室
××××年××月××日

图 1-14　会议通知单

表 1-3　议案对比及修订理由表

原议案内容	修改后议案内容	修改理由/依据
提案/议案主体/议案说明/辅助支持材料		

表 1-4　董事会会议会务清单

序号	工作内容	具体事项	负责人	完成时间节点	落实情况
1	请示签报	按流程报送并跟踪		____月____日	
2	会议通知和邀请函	起草通知、邀请函		____月____日	
3		发送会议通知、邀请函		____月____日	
4		会议议程		____月____日	
5	会议材料	印制会议材料		____月____日	
6		编制会议材料清单、发放登记表			
7		会议材料编号、整理、分送			
8		议案材料（未提前领取材料的）		会议当天，放会议桌上	
9		董事长主持词		会前 2 日报送	
10	确认参会人员	确认参会人员，并制作参会人员联系表		____月____日确认参加专委会人员；____月____日确认参加董事会人员。	
11	会场材料	议程安排（确认参会人员后）		会前 1 天	
12		表决票		会前 1 天	
13		表决票统计表		会前 1 天	
14		会议决议		会前 1 天	
15		会议签到表		会前 1 天	

二、董事会会议议案的提交及沟通阶段

董事会会议议案应在会前履行必要的审批程序，主要是：议案起草部门审核、相关部门会签、董事会办公室和董事会秘书审核、经理层主管领导和总经理审核、党组书记/董事长审批、党组会前置研究、董事会审议。

（一）议案的编制和提交

董事长、董事作为提案人的，由提案人指定总部某一部门，或由董事会秘书根据议题内容协调总部某一部门起草议案。

总经理作为提案人的，由总经理指定总部某一部门负责起草议案。

董事会专门委员会作为提案人的，由专门委员会联系人根据议题内容商董事会办公室协调确定议案的起草部门。

董事会办公室于董事会定期会议前一个月发布议题征集通知。议案起草部门在编制议案的同时，应及时将议题名称、简要内容、上会依据等情况提交董事会办公室。

（二）议案起草部门编制审核要求

符合国家法律法规，且属于制度所规定的董事会决策事项范围；材料真实、准确、完整，有利于董事全面掌握议题情况；请示事项明确；文字简洁、条理清晰、数据翔实；附件材料完整清晰，论据充分；以书面形式提交。

（三）相关部门会签审核

议案在审核过程中，会签部门或审核人重点根据职责范围对议案进行审核，如认为议案材料不符合要求或不合规的，可以退回议案起草部门修改或补充。议案起草部门应对会签提出的审核意见进行研究，有不同意见的要说明原因，充分协调后再履行后续审批流程。

（四）董事会办公室和董事会秘书审核

董事会办公室负责协助董事会秘书审核议案，并负责议案的收集、印制、分送和归档工作。

董事会秘书负责对议案内容及其审批程序的完整性、合规性进行审核。

（五）经理层主管领导和总经理审核

经理层主管领导和总经理应对议案内容进行全面审核。必要时可组织召开总经理办公会、专题会进行审议。

（六）党组会前置研究审议的重点

提交董事会审议的“三重一大”事项均须经党组前置研究讨论。

党组前置研究讨论重大经营管理事项要把关到位，重点看决策事项是否符合党的理论和路线方针政策，是否贯彻党中央决策部署和落实国家发展战略，是否有利于促进企业高质量发展、增强企业竞争实力、实现国有资产保值增值，是否有利于维护社会公众利益和职工群众合法权益。

（七）董事会审议的重点

董事会审议时，应当重点研判决策事项的合法合规性、与出资人要求的一致性、与企业发展战略的契合性、风险与收益的综合平衡性等。

（八）必要时的沟通

涉及职工重大利益事项的议案，职工董事应参与议案的拟定，并以适当的民主形式征求职工意见。

对于须由董事会决议并需与上级主管部门沟通或决定后方可实施的事项，提案人在提交议案前应事先征求上级主管部门的意见。

健全重大议案会前沟通机制。对于特别重大或复杂的议案，在进入正式决策流程前，先以现场沟通会的形式，经理层向外部董事汇报，让外部董事提前介入、全面了解，充分讨论，深入沟通并提出意见建议，经理层按照意见建议对议案及时进行补充完善或调整，同时视情况安排外部董事对拟上会事项开展针对性调研。

三、董事会召开阶段

前期诸多的会务工作往往都是为开会时的几个小时所服务，在会议召开阶段如果出现纰漏，不但会直接影响会议质量，更会使得之前所有努力付之东流。

（一）会议签到

为统计董事会和专委会出席人数并留存档案记录，董事会和专委会召开时，出席和列席人员要进行签到，签到记录中应当包含会议名称、时间、地点、召开方式、出席和列席人员以及所发材料编号等能如实反映董事会和专委会召开情况的有关信息。

（二）会议主持

董事会会议由董事长召集和主持，董事长因特殊原因不能履行职务或者不履行职务的，由副董事长召集和主持；副董事长不能履行职务或者不履行职务的，由半数以上董事共同推举一名董事履行，也可由董事长指定1名董事召集和主持。

董事会会议开始后通常由董事长介绍会议召开的背景以及参会人员情况，其中应重点关注参会人数是否满足召开会议的要求，以保证决策的有效性。正式开始会议汇报时，应按预先制定的会议计划进行，每个议案汇报后主持人应逐个征求董事意见，如议案已经专门委员会审议的，在董事发表意见前一般由董事会秘书宣读专门委员会专项审议意见。董事长应末位表态。为保证会议的连贯性，一般在所有议案汇报审议结束后一并填写表决票。

中国核工业集团有限公司董事会
××××年第×次会议签到记录

时　间：××××年××月××日（周×）××：××

地　点：集团公司总部××会议室

召开方式：现场会议（视频会议/通信会议）

出席董事签字：

姓　名	职　务	签字	材料
×××	董事长		1
×××	董事		2

列席人员签字：

单位	姓名	职务	签字	材料
××××	×××	×××××		3
××××	×××	×××××		4
	×××	×××××		5

图 1-15　会议签到记录

（三）会议表决及决议

所有议题审议完毕后，应当场请所有参会董事填写表决票，并现场进行统计，出席董事需在表决票上签名，董事会采用一人一票的表决方式。表决票中应当包含会议名称，会议时间、地点、召开方式，表决事项的名称，对每项表决事项的表决结果等有关信息，由董事本人填写并签字确认。如反对或弃权，应说明原因。

中国核工业集团有限公司董事会
××××年第×次会议主持词

×××董事长

（××××年××月××日）

各位董事、各位领导：

会议名称、参会董事到场情况，会议召开是否符合法律法规和中核集团章程的规定（董事会会议应当有过半数董事出席方可举行，具有关联关系的董事在审议所涉及企业议案时不计入总人数）。

介绍邀请参会的有关司局领导和集团公司列席人员。

介绍本次会议的议程，分别说明学习类、报告类和审议类的数量和情况。

按会议议程安排依次开始召开会议。在审议类议案汇报结束后由各位董事发表意见，若议题同时在专委会上讨论过，则应在汇报会先宣读专委会专项审议意见。

⋮

所有议题结束后，对议案进行统一表决，也可在每项议案后逐一进行表决。

表决结果统计完毕后，立刻向董事会报告表决情况及结果，并审议本次会议的决议草案，如各位董事均无意见即签署决议。

董事长及有关领导进行会议总结发言。

图 1-16　会议主持词

中国核工业集团有限公司董事会
××××年第×次会议表决票

时　　间：××××年×月×日（周×）
地　　点：集团公司六楼会议室
召开方式：现场会议（视频会议/通信会议）

表决事项	表决结果（请在选择的表决意见栏内打√）		
	同意	反对	弃权
×××××××			
×××××××			

董事长（董事）：×××

签　名：________

××××年××月××日

图 1-17　会议表决票

所有董事完成表决并在表决票上签字后，应由工作人员收集表决票并立即对表决情况进行统计。表决情况统计表中应当包含会议名称，会议时间、地点、召开方式，表决事项的名称，对每项表决事项的表决结果（同意、反对、弃权票数）等有关信息，并由计票人和监票人同时签名。

中国核工业集团有限公司董事会
××××年第×次会议表决情况统计表

时　　间：××××年×月×日（周×）
地　　点：集团公司××会议室
召开方式：现场会议（视频会议/通信会议）
出席董事：应到____名，实到____名，请假____名。

表决事项	统计结果（票）		
	同意	反对	弃权
×××××××			
×××××××			
计票人签名： ××××年××月××日	监票人签名： ××××年××月××日		

图 1-18　会议表决情况统计表

会议决议是董事会会议形成的重要的有法律效力的文件，应特别关注，会议决议内容应符合董事会决策范围，决议事项应简要清晰，需特别指明的具体内容可在决议事项后增加简要表述。

董事会会议决议分为普通决议和特别决议。董事会通过普通决议时，应经全体董事过半数同意；通过特别决议时应当经全体董事三分之二以上同意。

特别决议的事项一般有：

（1）增加或减少注册资本；

（2）公司分立、合并或变更公司形式（如非股份变股份，内资变中外合资等）；

（3）公司解散和注销；

（4）公司章程修改。

对于现场会议，应在会议表决后审议会议决议内容。审议通过后董事逐一签署。对于通过电话、视频会议方式或书面签署决议方式召开董事会会议的，董事会秘书应在会议结束后 3 个工作日内将决议送达每位董事。每位董事应在收到决议后的 3 个工作日内在决议上签字，并将签字后的决议送达董事会秘书。

董事会决议中应包含会议时间、届次等基础信息，决策事项的主要情况、表决情况（同意票、反对票、弃权票各自的数量）等。

中国核工业集团有限公司
董事会××××年第××次会议决议

中核董决议〔××××〕×号

经与会董事审议，以记名投票的方式表决通过以下决议：

一、通过××××××，同意××××××，具体发行方案授权总经理决策。

表决结果：同意票×票、反对票×票、弃权票×票。

（本页无正文，为《中核集团董事会××××年第×次会议决议》签字页）

董事签字：

×××	×××	×××
×××	×××	×××
×××	×××	×××

××××年××月××日

图 1-19　会议决议

（四）会议记录

会议组织人员除应做好会议保障外，还应按规定做好会议记录，尤其对于各位董事发表的意见建议应将要点全部记录。会议记录要如实记录会议召开和讨论情况，现场记录时重点记录主持人、董事发言要点、不同意见的讨论焦点、决策的重点、对议案的意见（同意、反对）等，对偏离会议主旨的内容可以略记。会议要使用专门的会议记录本和标准的会议格式进行现场记录。会后，结合会议录音整理完整内容，原汁原味，原原本本还原会议现场讨论决策情况，形成正式会议记录。并由参会董事签字确认。

董事会会议记录应该包括会议召开的日期、地点、主持人姓名、出席董事姓名、会议议程、议题、董事发言要点、决议的表决方式和结果（同意、反对或弃权的票数及投票人姓名）等内容。出席会议的董事、列席会议的董事会秘书和会议记录人应当在会议记录上签名。会议记录、授权委托书应当妥善归档保管。表示反对、弃权的董事，必须说明具体理由并记载于会议记录。

中国核工业集团有限公司董事会
××××年第×次会议记录

（中核董记录〔××××〕××号）

会议名称：中核集团董事会××××年第×次会议
会议时间：××××年 ××月 ××日 ××：××
会议地点：集团公司××会议室
主 持 人：×××董事长
出　　席：×××、×××、……董事
列　　席：国资委改革局 ×××、国资委企干一局×××，集团公司 ×××、×××……
记　　录：×××

（本页无正文，为《中国核工业集团有限公司董事会××××年第×会议记录》签字页）

董事签字：

______	______	______
×××	×××	×××
______	______	______
×××	×××	×××
______	______	______
×××	×××	×××

董事会秘书：______________

会议记录人：______________

××××年××月××日

图 1-20　会议记录

（五）关联关系

需要注意的是如果董事与董事会会议决议事项所涉及的企业有关联关系的，不得对该决议行使表决权，也不得代理其他董事行使表决权。董事应当在董事会会议召开之前，以书面形式向董事会做出声明。其中关联关系指董事与其直接或间接控制的企业之间的关系，与其担任董事、高级管理人员的企业（非本集团公司）之间的关系，以及可能导致集团公司利益转移的其他关系。

董事关联关系说明

本人 ×××，在担任中核集团董事同时担任 ××××× 公司（具有关联关系的公司名）×× 职务（如董事、高级管理人员等），根据《公司法》等有关法律法规，与 ××××× 公司构成关联方。对于本次会议中涉及 ××××× 公司的事项按规定进行回避。

特此声明。

本人签名

××××年 ×月 ×日

图 1-21　董事关联关系说明

四、会后总结阶段

主持人宣布会议结束后，整个会议工作并没有随之结束，切忌“行百步者半九十”，做好会后的收尾工作，才能为会议画上一个完美的句号。

（一）会议室检查

会议结束，待所有参会人员离开会议室后，会务人员要立刻开始着手清点会议材料，特别是议案材料，重点是检查参会人员的个人物品等是否遗漏，会后需要交回的材料是否误带离会场，及时收回录音笔、未使用的材料等用品。为了减少其他后续人员的使用成本，杜绝安全隐患，会务人员离场时一般可以将投影仪、电脑等大功率电器关闭断电，整理现场茶杯、桌椅等。

（二）编制董事会纪要

为便于董事会决议以及相关要求有效落实、有力执行，董事会会议一般应形成会议纪要。会议纪要必须如实反映会议情况，应使用简洁明了的语言，对会议要求进行提炼总结，应当突出要点、层次明确、言简意赅，严禁“夹带私货”，避免将错误的理解和认识增加到有关内容中。内容主要包括会议召开的日期、地点、主持人姓名、出席董事姓名、会议议题、表决结果以及会议提出的要求等内容，会议纪要经会议主持人批准后，以正式文件的形式发布。

（三）抓好决策落实

以上工作完成，并不是董事会会议工作的结束，甚至可以说又是一个新的开始。为了防止会议流于形式，避免出现将“开了会”当作“办了事”，会议主办部门必须明确工作职责，切实做好任务督办，通过任务分解、定期跟踪、随时检查等方式，不断跟进工作进展，并应及时向董事会报告。

> **中国核工业集团有限公司会议纪要**
>
> 中核董纪要〔××××〕××号
>
> **中国核工业集团有限公司董事会**
> **××××年第××次会议纪要**
>
> （××××年××月××日）
>
> 中国核工业集团有限公司（简称中核集团）董事会××××年第××次会议于××××年××月××日×上午（下午）在集团公司总部××会议室召开。会议由集团公司董事长×××主持，集团公司董事×××、××× …… 出席会议。国资委改革局和企干一局有关负责同志以及集团公司有关高级管理人员、相关部门和单位负责人列席了会议。现纪要如下：
>
> **一、会议听取了×××总经理关于集团公司××××年×季度生产经营情况报告**
>
> 会议认为，××××××。
>
> 会议强调，××××××。
>
> 会议指出，××××××。
>
> 会议要求，××××××。
>
> **出席**：×××、××× ……（董事）
>
> **列席**：国资委改革局×××、国资委企干一局×××，
> 集团公司×××、××× ……

图 1-22　会议纪要

董事会会议议定事项督办工作一般由办会部门牵头，各业务部门具体负责。日常工作中，一是通过电话、邮件等形式随时跟进了解工作进展和存在的困难；二是通过纸质发函或督办单等形式，定期对重点任务和进展缓慢的工作进行提醒，因部门处理结果一般由纸质形式回复，内容的完整性和准确性基本可以得到保证；三是通过工作组或专人督办，一般对于多次督促但工作进展依然不佳的任务，明确责任人和责任时间，进行专项督办，确保任务能够顺利完成。

第二章

董事会会议议案

董事会会议议案是董事会决策的基础材料，议案质量直接关系着会议决策效率，是整个董事会会议的核心部分，应当给予高度重视。董事会会议议案的提案人有董事长、董事、董事会专门委员会和总经理等。

董事会会议议案从最初提出到最终审议通过需要经过多道程序。提案人负责提出议案、组织编写议案和审定议案，并对议案内容负责；议案起草部门负责议案编写、组织会签、按程序报批以及准备汇报用 PPT 等工作；董事会办公室负责协助董事会秘书审核议案，并负责议案的收集、印制、分送和归档；董事会秘书负责对议案内容进行合规性审核；董事长负责确定董事会会议议题，对拟提交董事会审议的议案进行审核，并决定是否提交会议审核。

董事会会议议案编制应当做好以下几个方面：

（1）议案内容应符合国家法律法规，且属于公司章程、董事会授权管理规定、“三重一大”决策制度规定的董事会决策事项范围。

（2）议案材料应真实、准确、完整，有利于董事全面掌握事项情况。

（3）议案审批程序完整，请示事项明确。

（4）文字简洁、条理清晰、数据详实。

（5）附件材料完整全面，论据充实。

（6）议案材料均以书面形式提交，不得用 PPT 代替，且议案材料与汇报内容应保持一致。

一、议案的组成

董事会会议议案一般由提案、议案主体、议案说明、相关辅助支持材料等四部分材料组成。

提案是对议案主要内容、编制背景、重点需要说明的信息等进行的简要介绍，语言尽量简洁明了、突出重点，提案中应包括议案名称、审议事项简述、前期审议的意见和相关附件清单。

议案主体是议案的关键组成部分，是董事详细了解议案内容、保证董事会决策质量的核心要件，通常是提交会议审议事项的方案或完整的报告、计划、制度等。

议案说明也称编制说明，是对提案内容的补充说明和对重点事项的说明，是议案内容的全面概要，篇幅介于提案与议案主体之间，用于帮助参会人员进一步了解审议事项的重点；若审议事项较为简单，可不作议案说明，直接在议案主体中介绍。

相关辅助支持材料是对议案主体内容的支持和补充，是为议案提供各方面的支撑材料和决策依据，进一步保证论证的充分和合规，一般包含论证分析报告、评价评估报告、法律和风险审核意见、会议纪要（记录）、专项意见等。

二、议案格式要求

议案可参考以下格式，即主标题采用华文中宋加粗二号字、加粗、行距 34、居中对齐；一级标题为黑体三号，二级标题为楷体 GB 2312 三号字；正文中文字体采用仿宋 GB 2312，数字和英文为 Times New Roman，三号字，也可使用相似字体。除主标题外均采用首行缩进 2 字符，行距固定值 30 磅。其他未列明的格式一般按《党政机关公文格式》（GB/T 9704—2012）进行规范。

董事会提案名称应使用“关于提请审议××××方案（制度、报告等）的议案”等标准形式，避免出现“关于申请××××方案的议案”“关于提请审议××××事宜的请示”等不规范的提案名称。

董事会提案可在左上角注明议案上会的具体董事会会次，并按董事会议题顺序注明材料次序，从而更便于参与人员迅速找到所需材料。会标及会次信息可固定在页眉中，便于格式统一，中核集团会标所采用的样式一般尺寸为：高 2.7 cm，宽 2.7 cm 的集团公司标准标志，会次字体汉字为仿宋 GB 2312，数字和英文为 Times New Roman，均为三号字加粗。

提案抬头应为“各位董事”或“公司董事会”，结尾一般为“请予审议”。提案正文部分对议案进行简要介绍，重点反映议案主要信息和党组前置审议情况以及总办会前期讨论情况。附件中应包含各不同类型议案所需的议案主体、议案说明、相关

董事会会议议案主件编制格式

标题（华文中宋二号字，加粗，行距 34，居中对齐）

（正文，汉字仿宋 GB 2312，数字及英文 Times New Roman，三号字，首行缩进 2 字符）

一、一级标题，汉字黑体，数字及英文 Times New Roman，三号字，首行缩进 2 字符

（一）二级标题，汉字楷体 GB 2312，数字及英文 Times New Roman，三号字，加粗，首行缩进 2 字符

1. 三级标题，汉字仿宋 GB 2312，数字及英文 Times New Roman，三号字，加粗，首行缩进 2 字符

（1）四级标题，汉字仿宋 GB 2312，数字及英文 Times New Roman，三号字，加粗，首行缩进 2 字符

行间距：30 磅

左边距：3.17 厘米，右边距：3.17 厘米

上边距：2.54 厘米，下边距：2.54 厘米

图 2-1　主件编制格式

辅助支持材料等。附件顺序依次一般为编制说明、议案主体、辅助支持材料（如党组会会议纪要、会议记录等）。其他相关辅助支持材料或需重点说明的材料可作为附件在提案中单独列

出，但应注明连续编号并在议案中引用该文件时加以注明附件序号及名称。

此外，提案在结尾处还应注明该项目需由董事会决策的依据，确保董事会决策有据可依，保障决策流程的合规性，如“根据《中核集团董事会授权管理规定》等有关制度规定，××制度为集团公司基本管理制度，现提请董事会××××年第×次会议审议”。

CNNC 中国核工业集团有限公司董事会
××××年第×次会议材料之××

关于提请审议《×××××制度》的议案

各位董事：

按照集团公司相关制度规定，结合上级最新文件要求与实际运作实践，集团公司对《×××××制度》进行适应性修订。本次修订补充了有关文件的最新要求，进一步优化和调整了实际工作中存在的不协调事项，减少了定性描述，尽可能将执行过程中的重点事项进行细化。

制度修订稿已经集团公司××××年第×次党组会前置审议通过，同意提交集团公司董事会审议。

根据集团公司相关制度规定，集团公司基本管理制度，须提交集团公司董事会审议。

请予审议。

图 2-2　关于提请审议《×××××制度》的议案

需要注意的还有议案主体与议案说明之间不能互相替代，议案主体内容应尽量完善，充分对所需审议的事项进行深入阐述，提供坚实可靠的决策依据，不能仅简单介绍项目大体情况。

三、各类型议案模板示例

（一）定期报告类

定期报告类议案是公司常规性议题，通常具有时间固定、格式固定、频次固定的特点，反映公司一段时间以来董事会和经理层的工作成果，揭示公司财务、法律风险、内部控制等重点领域情况，是股东、董事等全面掌握公司情况的重要途径。

定期报告类议案主要包含董事会年度工作报告、年度预算报告、（半）年度财务报告、内部审计工作报告、全面风险管理报告、内部控制评价报告等议案。定期报告类议案因属于日常定期汇报内容，整体结构较为简单，议案主体一般是具体报告本文；议案说明主要是报告编制的原则和报告的主要内容简介；辅助支持材料主要以党组会或总经理会议纪要、论证报告等材料为主。

议案主体为待审议的具体报告、规划、计划草案。内容通常包括编制原则、计划方案的背景和依据、当前工作情况、未来的工作方向和目标等材料，具体内容由起草部门负责，按实际情况进行编制，重点做到内容详实、数据充分。

议案说明中主要包括编制依据、主要内容、征求意见及意见采纳情况、有关会议审议意见以及需要特别说明的问题等，并结合自身特点从相关工作的开展情况、有关问题和建议、下一步工作要点等方面对重点工作进行简要说明，使参会人员能迅速掌握议案重点内容。

表 2-1　定期报告类议案组成清单

序号	议案组成	名称
1	提案	关于提请审议《××××报告》的议案
2	议案主件	董事会年度工作报告、年度法治工作报告和合规管理报告、财务决算报告
3	议案说明	编制说明
4	辅助支撑材料	党组前置研究审议意见或会议纪要
		其他材料

附：模板 1～模板 4

模板 1

关于提请审议《中国核工业集团有限公司董事会××××年度工作报告》的议案

各位董事：

中核集团组织编制了《中国核工业集团有限公司董事会××××年度工作报告》，主要包括董事会贯彻落实党中央、国务院重大部署和国资委工作要求、推动中核集团高质量发展、董事会建设和规范运作、加强外部董事履职服务、××××年度董事会评价反馈意见整改落实、子企业董事会建设、董事会××××年度主要工作计划等部分，突出反映了××××年中核集团生产经营、董事会建设方面的主要特点与亮点。

根据中核集团章程规定，董事会年度工作报告需经董事会审议通过后报送国资委。报告已经中核集团××××年第××次党组会前置研究讨论，同意提交董事会审议。

请予审议。

附　件：1. 中核集团董事会××××年度工作报告

2. 中核集团××××年第××次党组会纪要

模板 2

关于提请审议《中国核工业集团有限公司××××年度财务决算报告》的议案

各位董事：

中核集团编制了《中国核工业集团有限公司××××年度财务决算报告》，全面客观反映了中核集团××××年度财务状况、经营成果和现金流量情况。主审所××××会计师事务所出具了无保留意见的审计报告。

根据中核集团董事会授权管理规定，年度财务决算报告需提请董事会审议。《中国核工业集团有限公司××××年度财务决算报告》已经由中核集团××××年第××次党组会前置研究讨论，同意按程序提交董事会审议。

请予审议。

附　件：1. 中核集团××××年度财务决算报表

2. 中核集团××××年度财务决算报告

3. 中核集团××××年度审计报告

4. 中核集团××××年度管理建议书

5. 中核集团××××年第××次党组会议纪要

模板 3

中国核工业集团有限公司
××××年度法治工作报告

一、××××年法律合规工作情况

（一）领导高度重视，为法律合规管理提供坚强领导和有力指导

（二）围绕中心工作，为集团改革发展提供坚实法治保障

（三）强化涉外法律合规，保障集团实施国际化经营战略

（四）推进合规体系建设，圆满完成三年方案各项任务

（五）聚焦重点难点问题，着力化解重大法律风险

（六）深化内控制度管理，不断提升治理能力和水平

（七）强化全面风险管理，扎实构建重大风险防线

（八）加强法治文化及队伍建设，持续筑牢法治中核根基

二、存在的不足

三、××××年度工作思路和重点任务

（一）加强法治建设顶层推动

（二）继续扎实做好法律风险防控

（三）切实抓好案件管理与处置

模板 4

中国核工业集团有限公司
××××年度法治工作报告编制说明

一、法治工作主要内容

公司深入落实“抓落实年”要求部署，全面推进法律、合规、风险、内控、制度建设等法治各项工作，“大法治”格局已经形成，协同效应逐步显现，有力支撑和保障了集团公司改革发展。一是领导高度重视，为法律合规管理提供坚强领导和有力指导；二是围绕中心工作，为集团改革发展提供坚实法治保障；三是强化涉外法律合规，保障集团实施国际化经营战略；四是推进合规体系建设，圆满完成三年方案各项任务；五是聚焦重点难点问题，着力化解重大法律风险；六是深化内控制度管理，不断提升治理能力和水平；七是强化全面风险管理，扎实构建重大风险防线；八是加强法治文化及队伍建设，持续筑牢法治中核根基。未来，中核集团将以习近平法治思想为指导，深入贯彻国资委《关于进一步深化法治央企建设的指导意见》，扎实落实中核集团“十四五”法治规划确定的年度任务，推进法律、合规、风险、内控、制度建设等职能协同提升取得新成效。

二、提请审议事项

建议董事会审议同意《中核集团法治工作报告》。

（二）规划计划类

规划计划类议案主要包含中长期发展规划、年度经营目标、年度预算、年度投融资计划等议案种类。规划计划类议案主体与定期报告类相似，主要是计划或规划本身；议案说明主要是报告编制依据、有关会议和征求的意见建议审议意见；辅助支持材料也以党组会或总经理会议纪要、论证报告等材料为主。

1. 规划类

表 2-2　规划类议案组成清单

序号	议案组成	名称
1	提案	关于提请审议《××××规划》的议案
2	议案主件	“××××”综合发展规划
3	议案说明	编制说明
4	辅助支撑材料	党组前置研究审议意见或会议纪要
		总部职能部门出具的专业审核意见及意见响应情况
		其他材料

附：模板 5～模板 7

模板 5

关于提请审议《中国核工业集团有限公司“××××”综合发展规划》的议案

各位董事：

为实现新时代打造先进核科技工业体系、建设世界一流企业集团、推动核强国建设计划等议案种类。根据中核集团新时代发展战略，编制了《中国核工业集团有限公司“××××”综合发展规划》（简称“综合规划”）。综合规划主要对取得的成绩，未来的发展形势、战略定位、指导思想、发展原则和发展目标，主责主业领域的发展思路和重点任务，公司治理和安全保障措施进行了论述。

中核集团多次组织会议研讨综合规划，不断修订完善，中核集团××××年第××次党组会对综合规划进行了前置研究，同意提请董事会审议。根据集团公司章程规定，综合规划需提请董事会审议。

请予审议。

附　件：1. 编制说明

2. 集团公司职能部门出具的专业审核意见及意见响应情况

3. 中核集团××××年第××次党组会纪要

模板 6

中国核工业集团有限公司
“××××”综合发展规划

一、发展基础与面临形势
二、战略定位、指导思想与发展原则
三、发展目标与指标体系
四、大力构建自立自强核科技创新体系
五、积极推动核能发展迈上新台阶
六、加快建设先进核燃料循环体系
七、做强做优做大核相关优势产业
八、加快构建国内国际发展新格局
九、大力推进数字核工业建设
十、持续提升安全环保水平
十一、扎实推进全面深化改革
十二、打造新时代高水平人才队伍
十三、全面加强党的领导和党的建设
十四、强化规划实施落地保障

模板 7

中国核工业集团有限公司
“××××”综合发展规划编制说明

按照集团公司工作安排，从××××年××月开始，历时近两年时间，中核集团组织有关部门和单位开展了大量的调研和专题研究工作，广泛听取各方意见和建议，组织专家进行多轮审查和研究论证，经过反复研讨修改，编制形成了《中国核工业集团有限公司“××××”综合发展规划》（简称“综合规划”）。现将有关情况说明如下：

一、综合规划起草过程

综合规划起草过程，大致经历了前期准备工作策划、综合规划基本思路编制、综合规划讨论稿编制、综合规划审议稿编制四个阶段，集团公司董事会审议通过后将正式印发。

（一）前期准备工作策划

（二）综合规划基本思路编制

（三）综合规划讨论稿编制

（四）综合规划审议稿编制

××××年××月××日，集团公司党组会前置研究《中国核工业集团有限公司“××××”综合发展规划》，同意提请董事会审批。至此，综合规划已具备提请董事会审议批准条件。

二、综合规划的总体考虑和基本框架

一是准确把握“××××”时期的阶段性特征；

二是充分认清核工业发展面临的形势和挑战；

三是坚决贯彻落实党中央路线方针政策。

综合规划的基本框架由××个章节构成，大致分为××大板块。第一板块为综合论述，包括第××××章，主要阐述取得的成绩、“××××”发展形势、战略定位、指导思想、发展原则和发展目标。第二板块为主责主业，包括××××章，明确了主责主业领域的发展思路和重点任务，做出工作部署。第三板块为公司治理和安全，包括××××章，主要阐述了深化改革、人才队伍、党的建设、安全环保等领域的发展思路和重点任务。第四板块为保障措施，即第××××章，提出了保障规划实施落地的具体举措。

三、需要说明的几个重点内容

针对综合规划的重要内容和重点安排部署，做以下简要说明。

第一，关于战略定位的说明。

第二，关于发展目标的说明。

第三，关于核科技创新体系建设的安排。

第四，关于核能产业发展安排。

第五，关于核燃料循环产业能力建设。

第六，关于做强做优做大核相关优势产业。

第七，关于加快构建国内国际发展新格局。

第八，关于大力推进数字核工业建设。

第九，关于深化改革。

第十，关于保障措施。

2. 计划类

计划类议案主要包括公司年度投资计划、年度融资计划、年度担保计划、年度全面预算方案等。

表 2-3　计划类议案组成清单

序号	议案组成	名称
1	提案	关于提请审议《××××计划》的议案
2	议案主件	年度投资计划、年度融资计划、年度担保计划、年度全面预算方案等
3	议案说明	编制说明
4	辅助支撑材料	党组前置研究审议意见或会议纪要
		前期审核的会议纪要或意见
		其他材料

附：模板 8～模板 11

模板 8

关于提请审议《中国核工业集团有限公司××××年度融资计划》的议案

各位董事：

根据中核集团××××年度经营目标和投资计划，中核集团编制了××××年度融资计划（含债券注册方案及发行计划）。××××年中核集团新增资金需求总额×××亿元，拟安排融资规模××××亿元。融资计划已经中核集团××××年第××次党组会前置研究，同意提交董事会审议。

根据中核集团授权管理相关规定，中核集团年度融资计划需提请董事会审议。

请予审议。

附　件：1. 中核集团××××年度融资计划

2. 中核集团××××年第××次党组会会议纪要

模板 9

中国核工业集团有限公司××××年度投资计划

一、投资计划执行情况

二、投资计划编制原则

三、年度投资计划

（一）固定资产投资

（二）科研投资

（三）股权投资

四、投资资金来源

五、境外投资情况

六、非主业及金融类投资情况

七、非经营性投资和 PPP 投资项目

八、投资重点项目

模板 10

中国核工业集团有限公司
××××年度担保计划编制说明

一、××××年集团公司担保总体情况

二、××××年集团总部担保情况

（一）总体情况

（二）具体情况

三、成员单位担保情况

四、需要特殊说明的担保事项

（一）超过自身净资产的 50%提供担保的情况

（二）为金融子企业提供担保说明

（三）超股比提供担保情况说明

模板 11

中国核工业集团有限公司
××××年度全面预算方案编制说明

一、本年度预算编制基础

二、本年度预算编制情况

（一）业务预算

（二）投资预算

（三）筹资预算

（四）资金预算

（五）费用预算

（六）损益预算

三、预算年度重大事项说明

（一）出售固定资产、债务重组等重大营业外收支项目

（二）担保、抵押等或有事项情况

（三）对外捐赠预算

四、影响预算指标完成的事项说明

五、预算执行的保障和监督措施

（三）项目类

项目类议案是企业经营中最常见的一种，主要包含固定资产投资和科研投资、权益性投资、权益性融资、改制重组等议案种类。

项目类议案主体一般为完整的项目建议书或者投资（融资、改制重组）方案。此类议案通常内容较多，事项较为复杂，议案主体内容应结合项目和方案实际，内容及深度应符合项目建议书或方案的要求，从多角度编写。

项目类议案因为议案主体内容较多、信息冗杂，因此议案说明对辅助了解议案整体情况具有重要意义，通常均应编制议案说明。议案说明主要对项目或者方案进行简要说明，以帮助参会人员快速理清重点和整体情况为目的，议案说明中所需包含的信息可合并说明或逐项说明，具体内容不宜过多。

固定资产投资和科研投资类的项目议案说明应包含项目基本情况（包括各投资主体基本情况、投资标的基本情况等）、与集团公司规划的衔接情况、经济评价、必要性分析、风险预测及应对措施、项目完成后的管理或整合方案资产评估，并针对项目概况、前期评估结果、各部门审查情况等方面进行重点内容介绍。

权益性投资（含并购）类的项目议案说明应包含项目基本情况（包括各投资主体基本情况、投资标的基本情况等）、与集团公司规划的衔接情况、经济评价、必要性分析、资产评估结果及投资或收购方案、风险预测及应对措施、项目完成后的管理或整合方案、资产评估等。

权益性融资类的项目议案说明应包含融资目的、融资额度、方案主要内容、方案评估论证结果、相关会议的审议情况和风险应对等内容，重点是帮助参会人员快速掌握项目融资的必要性和合规性。

1. 固定资产投资类

表 2-4　固定资产投资类议案组成清单

序号	议案组成	名称
1	提案	关于提请审议《××××》的议案
2	议案主件	××项目建议书（代可行性研究报告）
3	议案说明	编制说明
4	辅助支撑材料	总部职能部门出具的专业审核意见及意见响应情况
		党组前置研究审议意见或会议纪要
		前期审核的会议纪要或意见
		其他材料

附：模板 12～模板 14

模板 12

关于提请审议《××××项目项目建议书（代可行性研究报告）》的议案

各位董事：

××××拟在××投资建设××××示范项目，规划总装机容量××MW，分为××MW 光热、××MW 光伏、××MW 风电和一个×× kV 汇集站工程。光热项目计划××××年××月建成投产；光伏、风电项目计划××××年××月建成投产。项目计划总投资为××亿元（含×× kV 汇集站）。光伏和光热工程经营期××年、风电工程经营期××年，按光热工程年发电量××亿（kW·h）、光伏工程年平均发电量××亿（kW·h）、风电工程年上网电量××亿（kW·h），上网电价（含税）按××省燃煤基准电价××元/（kW·h）测算，资本金内部收益率××。

××××公司作为本项目业主，由××××全资子公司××××公司按××的股比共同出资组建，全面负责项目的建设和运营。

××××年××月电规总院对项目建议书（代可行性研究报告）进行评估，认为项目建设是必要的，光热储能工程、光伏工程、风电工程和汇集站工程的建设方案合理可行。

根据中核集团相关制度规定，陆上风电、光伏项目投资大于××亿元由中核集团董事会决策。

××××示范项目建议书已经中核集团××××年第××次党组会前置研究讨论，同意按程序提交董事会审议。

请予审议。

附　件：1. 关于中核集团××××示范项目可行性研究报告的评审意见
2. 关于××××项目收口版可研与评审意见投资差异的说明
3. 财务部关于××××示范项目项目建议书的审查意见
4. 审计与法务部关于××××示范项目项目建议书的法律审查意见
5. 审计与法务部关于××××示范项目项目建议书的风险审查意见
6. 关于××××示范项目有关情况的补充报告
7. ××××示范项目资金筹措方案计划
8. ××××公司承诺函
9. ××××公司董事会××××年第××次会议决议
10. 关于××××示范项目支持性文件
11. 关于××××示范项目法律意见书
12. 关于××××示范项目的风险评估报告
13. 关于××××示范项目的总会计师独立意见

模板 13

××项目建议书（代可行性研究报告）

1. 概述
2. 建设条件分析
3. 工程地质
4. 项目任务和规模
5. 电力市场需求及消纳方案
6. ×××MW 光热工程设计方案
7. ×××MW 光伏电站设计方案
8. ×××MW 风电场设计方案
9. 汇集站及线路设计
10. 多能互补运行研究
11. 环境保护与水土保持
12. 职业安全与卫生
13. 节能降耗
14. 工程设计概算
15. 财务评价与社会效果分析
16. 工程风险分析
17. 社会稳定性风险分析
18. 抗灾能力分析
19. 工程招标
20. 结论和建议

模板 14

编制说明

一、项目背景

二、项目基本情况

（一）项目简介

1. 项目建设的必要性

2. 项目建设规模和工期

3. 厂址条件

4. 接入系统方案

5. 投资估算和财务分析

6. 工程管理模式

（二）行政批复获取情况

（三）审核情况

1. 委托评估情况

2. 二级单位审查意见

3. 总部部门审查意见

4. 中核集团党组会审查意见

2. 科研项目投资类

表 2-5 科研项目类议案组成清单

序号	议案组成	名称
1	提案	关于提请审议《××××》的议案
2	议案主件	××项目建议书（代可行性研究报告）
3	议案说明	编制说明
4	辅助支撑材料	××项目实施方案评估报告
		总部职能部门出具的专业意见及响应情况情况
		党组前置研究审议意见或会议纪要
		前期审核的会议纪要或意见
		其他材料

附：模板 15～模板 17

模板 15

关于提请审议《××项目实施方案》的议案

各位董事：

××是中核集团确定的重大战略，现阶段拟通过集中研发渠道自主投入，尽快启动实施关键技术研究项目，提高技术成熟度，满足科技重大专项立项的技术条件。现已完成目前关键技术研究项目实施方案的编制和论证评审，研究周期至××××年，总经费××亿元。

根据中核集团“三重一大”董事会授权管理规定，超过××亿元的单个科研项目需董事会决策。

××项目实施方案已经中核集团××××年第××次党组会前置研究，同意××项目实施方案提请董事会审议。

请予审议。

附　件：1. ××项目评估报告

2. 核能行业协会论证意见和关键技术研究项目审查意见及响应情况表

3. ××××年第××次党组会纪要

4. 相关部门对项目的审查意见

5. ××项目支持性文件

模板 16

××项目实施方案

一、意义及必要性

（一）系统概念和体系内涵

（二）国际发展情况简述

二、××关键技术研究项目实施方案要点

（一）研究目标

（二）总体技术方案

（三）主要研究内容

（四）研究周期

（五）项目承担单位

（六）研究经费需求

（七）已有研究基础

模板 17

编制说明

一、项目来源

二、项目开展的必要性、原则、依据及重点

1. 项目开展的必要性

2. 项目开展的原则

3. 项目开展的依据及重点任务

三、国内外相关科技研究进展

四、项目主要内容及发展优势

五、项目经济社会效益分析

3. 权益性投资类

表 2-6　子企业收并购类议案组成清单

序号	议案组成	名称
1	提案	关于提请审议《A 公司收购 B 公司（或 B 公司×%股权）方案》的议案
2	议案主件	A 公司收购 B 公司（或 B 公司×%股权）方案
3	辅助支撑材料	A 公司与 B 公司股权转让协议
4		避免同业竞争承诺函（视需要提供）
5		资产评估公司出具的资产评估报告
6		会计师事务所出具的审计报告
7		律师事务所出具的法律意见书
8		A 公司编制的收购事宜可行性研究报告
9		A 公司及二级公司审核文件
10		集团公司部门审查意见
11		A 公司对集团公司部门审查意见反馈
12		集团公司党组会议纪要
13		其他材料

附：模板 18～模板 19

模板 18

关于提请审议《A 公司收购 B 公司（或 B 公司×%股权）方案》的议案

各位董事：

××公司为集团公司全资（控股）子公司，公司××（当前经营情况简介）。为××（收购或参股的必要性），A 公司拟采用××方式，收购 B 公司（或收购 B 公司×%的股权），B 公司经评估全部（或×%的股权）权益价值为××万元，以资产评估备案的最终结果作为交易对价。本次收购拟于××日期（或条件）前完成。

根据集团公司相关制度规定，报董事会审议的具体制度要求。

集团公司××××年××次党组会前置研究，同意 A 公司收购 B 公司（或 B 公司×%股权），由 A 公司负责制定具体收购方案，同意提请董事会审议。

请予审议。

模板 19

A 公司收购 B 公司（或 B 公司×%股权）方案

一、总体情况介绍

收购原因、收购对象及收购范围、收购方式和金额、收购启动条件及完成时间等简介。

二、A、B 公司基本情况

基本信息、各投资主体基本情况、历史沿革、组织结构、产权结构、人员情况、主营业务情况、财务状况、经营成果、发展前景等。

三、收购必要性和可行性分析

1. 必要性：投资项目经济评价、收购 B 公司对 A 公司经营发展的益处、上级相关要求、与公司战略的衔接性等。

2. 可行性：收购 B 公司所需具备的条件，A 公司自身满足收购要求分析、风险预测及应对措施、融资及还款方案等。

四、A 公司收购 B 公司具体方案

1. 收购方式：非公开协议方式、竞价方式等及采用该方式收购的依据。

2. 收购价格定价方式：资产评估价、协议约定价格等及相关定价方案。

3. 收购资金筹集方案：自有资金收购、自有资金+融资收购、自有资金+股权置换收购等方式及相关筹资方案。

4. 资金支付方式：一次性支付、分期支付或其他支付方案。

5. 交易过渡期损益归属：交易期间，相关公司收益、亏损等处理方式及处理方案。

6. 收购事宜对 A 公司经营发展影响：包括短期经营业绩影响及长期发展战略影响等及相关影响分析。

7. A 公司完成收购后工作部署：包括 A 公司自身经营发展规划安排或调整、对 B 公司业务发展安排或调整等，应有未来发展目标或指标。

8. 同业竞争情况分析及应对措施：是否存在同业竞争情况，对存在潜在同业竞争风险，应制定相关解决措施。

五、工作进展情况

1. 公司已开展的相关工作情况介绍

2. 外部评估机构意见及评估所发现问题的解决措施

3. A 公司及二级公司内部审议决策情况

4. 集团公司部门及党组审核意见

4. 权益性融资类

表 2-7　权益性融资类议案组成清单

序号	议案组成	名称
1	提案	关于提请审议《××××公司上市方案》的议案
2	议案主件	上市方案
3	议案说明	议案说明
4	辅助支撑材料	募集项目建议书及可行性研究报告
		保荐机构对公司上市的分析意见
		律师事务所出具的法律审查意见书
		会计师事务所出具的审计报告
		党组会纪要
		其他材料

附：模板 20～模板 22

模板 20

关于审议《××××公司上市方案》的议案

各位董事：

集团公司全资子/控股公司××公司拟推动所属××公司（以下简称“××”）在上海证券交易所××板首发上市，拟发行不超过××股股票（占发行后总股本的××%），募集资金约××亿元，用于××建设项目、××研发项目补充流动资金。××首发上市需办理××的许可及××标识，经与相关司局沟通，认为现有材料基本符合要求，经相关决策主体审议后即可报送。对于存在部分待解决问题，经中介机构评估，预计不构成上市实质性障碍，××制定了相应的解决方案并推进解决中。

根据集团公司相关制度规定，××作为集团公司重要子企业，其改制上市方案需由中核集团董事会决策。××××年××月××日，中核集团××××年第××次党组会前置研究讨论××上市方案，同意提请董事会审议。

请予审议。

附　件：1. 上市方案
2. 议案说明
3. 募集项目建议书及可行性研究报告
4. 保荐机构对公司上市的分析意见
5. 律师事务所出具的法律审查意见书
6. 会计师事务所出具的审计报告
7. 党组会纪要

8. 集团公司审计与法务部出具的风险审查意见
9. 集团公司部门意见
10. 上级单位论证意见
11. 第三方及上级单位合规性审查意见

模板 21

××公司上市方案

一、公司基本情况

基本信息、历史沿革、组织结构、产权结构、人员情况、主营业务情况、财务状况、经营成果、发展愿景、竞争环境分析、战略分析等。

二、上市的目的和意义

三、上市整体方案

四、首发初步安排

五、已经开展的主要工作

六、上市的可行性分析

七、关注事项及应对措施

模板 22

议案说明

一、事项简述

二、基本情况

三、上市方案主要内容

四、有关方面意见

五、决策事项

建议董事会审议并同意××公司上市方案。

（四）财务类

财务类议案主要包含债务性融资、担保、产权流转、资产处置和捐赠等议案种类。财务类议案主体通常是相应的方案；议案说明主要是事项简述、资金使用目的、保障措施等；辅助支持材料主要有党组会或总经理会议纪要、总部职能部门的主要意见等材料。

财务类的议案主体一般是具体需要董事会进行决策事项的方案，议案主体按议案类型的不同分别是融资和借款方案、担保方案、产权流转方案、资产处置方案和捐赠方案。

议案说明主要对方案进行简述，重点说明方案背景和要点、可能对集团整体财务状况带来的影响。

债务性融资类的项目议案说明应包含项目基本情况、上年度财务报表、主要财务指标、资金用途、效益分析、年度累计额度、还款计划或还款保障措施、对集团公司资产负债率和负债结构带来的影响等。

担保类的项目议案说明应包含项目等事项简述、被担保人基本情况、担保的主债务情况说明、集团公司累计提供担保数额、担保类型、担保期限、担保协议的主要条款、被担保人对于担保债务的还款计划及还款资金的来源、集团公司资产负债率和负债结构带来的影响等。

产权流转类的项目议案说明应包含流转目的、流转方式、经济分析及对资产保值增值的影响、资产评估情况等。

资产处置类的项目议案说明应包含处置目的、处置方式、经济分析及对资产保值增值的影响、资产评估情况等。

捐赠类的项目议案说明应包含事项简述、捐赠情况及用途、受赠方情况、捐赠理由、捐赠金额、年度累计捐赠金额等。

1. 担保类

担保类议案主要包括担保、授信事项、为权益性融资项目（如 REITs）提供流动性支持函等。

表 2-8　普通担保类议案组成清单

序号	议案组成	名称
1	提案	关于提请审议《……担保事项》的议案
2	议案主件	担保方案
3	议案说明	编制说明/修订说明
4	辅助支撑材料	党组会纪要
		履行保证责任说明
		担保协议书
		法律审查意见
		合同草案
		其他材料

附：模板 23～模板 25

模板 23

关于提请审议《××担保事项》的议案

各位董事：

集团公司全资子公司××与××公司签署合同，合同总金额××万元，合同规定××为××公司的担保方。担保协议及履行保障责任主要为……。

中核集团××××年第××次党组会前置研究讨论，同意该担保事项。根据中核集团董事会授权管理规定，需提请董事会审批。

请予审议。

附　件：1. 担保方案
2. 方案说明
3. 党组会纪要
4. 履行保证责任说明
5. 担保协议书
6. 法律审查意见
7. 合同草案

模板 24

××担保方案

一、项目基本情况

发展定位、股权结构、经营状况、集团提供担保情况。

二、担保方案

基本情况、架构情况、退出方式、风险分析及防范措施。

三、请示事项

建议董事会审议并同意××担保方案。

模板 25

议案说明

一、事项简述

二、项目基本情况

三、担保说明和担保协议书的主要内容

四、有关方面意见

五、决策事项

建议董事会审议并同意××担保方案。

2. 超股比担保类（以 REITs 为例）

表 2-9　REITs 议案组成清单

序号	议案组成	名称
1	提案	关于提请审议《为××公司发行权益型并表类 REITs 提供支持函》的议案
2	议案主件	发行权益型并表类 REITs 方案
3	辅助支撑材料	申请支持函模板
		××公司承诺函
		产品风险分析
		律师事务所对支持函的法律审查意见
		党组会纪要
		国家部委、上级机关政策文件
		其他材料

附：模板 26～模板 28

模板 26

关于审议《为××公司发行权益型并表类 REITs 提供支持函》的议案

各位董事：

为进一步有效盘活存量××资产，公司积极探索基础设施领域不动产投资信托基金（以下简称“REITs”）等创新融资工具，有序推进权益型并表类 REITs 业务，预计募集资金××亿元，期限××年。发行后，××公司合并层面资产负债率预计将由××降至××，预计可节约财务费用（年化）××万元。为加快推进集团公司首单新能源资产类 REITs 成功发行，申请集团公司为本次发行提供流动性支持函。

根据有关要求，按照从严管理的原则，将该发行方案及提供流动性支持事项整体提交至司董事会审批。议案已经××党组会前置研究讨论，同意按程序提请××董事会决策。

请予审议。

附　件：1. 发行权益型并表类 REITs 方案
2. 支持函
3. ××公司承诺函
4. 权益型并表类 REITs 创新产品风险分析
5. 律师事务所对支持函的法律审查意见
6. 党组会议纪要
7. 国家部委、上级机关政策文件

模板 27

发行权益型并表类 REITs 方案

一、××公司基本情况

发展定位、股权结构、经营状况、集团提供担保情况。

二、担保方案

1. 金融工具说明（发行案例、政策支持）

2. 具体实施方案。基本情况、架构情况、退出方式

三、支持函性质、风险分析

性质分析、担保主体公司风险分析、风险防范措施。

四、请示事项

建议董事会审议并同意发行权益型并表类 REITs 方案。

模板 28

申请支持函模板

××公司：

鉴于我公司下属子公司拟参与“（）资产支持专项计划（类REITs）”（简称“专项计划”）项目。为此，××公司拟与（通道公司/原始权益人）（简称“（）”）、GP（简称“（）”）设立一家合伙企业（简称“合伙企业”，具体以工商登记名称为准），由合伙企业自××公司受让（）（简称“项目公司”）（）%股权。在专项计划设立后，由专项计划自（通道公司/原始权益人）受让取得合伙企业全部 LP2 有限合伙份额，实现对项目公司和项目公司持有的（）项目（简称“目标项目”）的间接投资。××公司根据《运营保障协议》为目标项目提供运营保障服务并承担对项目公司的其他合同义务。

我公司已知晓并同意前述相关交易安排，将加强对××公司日常经营的管理，全力督促上述成员单位按照所签署相关协议约定履行合同义务，避免出现重大经营风险和违约事件，以维护专项计划的权利。

若××公司未能履行《运营保障协议》项下合同义务，我公司将及时提供流动性支持，以使得新华发电能够按期履行《运营保障协议》项下的约定义务。

本函项下我公司提供的上述支持，不构成我公司对××公司履行《运营保障协议》项下约定义务的担保。

3. 产权流转类（以非公开转让议案为例）

表 2-10　非公开转让议案组成清单

序号	议案组成	名称
1	提案	关于提请审议《××××非公开转让××××》的议案
2	议案主件	非公开协议转让所持××公司股权方案
3	辅助支撑材料	标的公司评估报告及中核××审核意见
		标的公司审计报告
		相关方产权登记表、企业法人营业执照
		相关方法律意见书
		相关方风险审查报告
		中核集团相关会议纪要及相关方决策文件

附：模板 29～模板 30

模板 29

关于提请审议《××××非公开转让××××》的议案

各位董事：

为了进一步优化公司资本结构，提升资本利用率，拟将所持××全部股权非公开协议转让至××。双方同意以经中核集团评估备案的评估值扣除基准日后××的分红金额××万元的××亿元人民币作为交易价格。

中核集团××××年第××次党组会前置研究讨论，同意该股权转让方案。根据中核集团董事会授权管理规定，需提请董事会审批。

请予审议。

附　件：1. 非公开协议转让所持××公司股权方案
2. 标的公司评估报告及中核××审核意见
3. 标的公司审计报告
4. 相关方产权登记表、企业法人营业执照
5. 相关方法律意见书
6. 相关方风险审查报告
7. 中核集团相关会议纪要及相关方决策文件

模板 30

非公开协议转让所持××公司股权方案

一、基本情况

（一）标的公司基本情况

（二）转让方基本情况

（三）受让方基本情况

二、论证情况

（一）转让必要性

（二）转让可行性

（三）资产评估情况

（四）债券债务处置方案

（五）前期决策情况

（六）所在公司决策情况

（七）集团公司决策情况

4. 资产处置类

表 2-11　重组类议案组成清单

序号	议案组成	名称
1	提案	关于提请审议《××公司转让（或出租、出售等）××××方案》的议案
2	议案主件	××公司转让（或出租、出售等）××××方案
3	辅助支撑材料	审计报告或资产评估报告
		尽职调查报告
		第三方或专家评审意见
		第三方出具的法律意见书或风险分析报告
		股东单位及相关行政部门审核意见
		××公司及二级单位内部审批文件
		集团公司部门审核意见
		××公司对集团公司部门审查意见反馈
		中核集团党组会纪要

附：模板 31～模板 32

模板 31

关于提请审议《××公司转让（或出租、出售等）××××方案》的议案

各位董事：

××公司为集团公司全资（控股）子公司，公司×××（当前经营情况简介）。为×××××（处置资产的原因），××公司拟转让（或出租、出售等）××××，具体为××××（处置的主要方式，包括处置资产范围、价格、处置时间等）。

根据中核集团×××次党组会会议纪要，原则同意××公司转让（或出租、出售等）××××（或在满足中核集团相关要求或条件后），报中核集团董事会审议。

根据中核集团××制度“××××规定”（报董事会审议的具体制度要求），××公司转让（或出租、出售等）××××方案等材料经审议符合上会要求，现提请中核集团董事会审议。

请予审议。

附　件：1. ××公司转让（或出租、出售等）××××方案
2. 审计报告或资产评估报告
3. 尽职调查报告
4. 第三方或专家评审意见
5. 第三方出具的法律意见书或风险分析报告
6. 股东单位及相关行政部门审核意见
7. ××公司及二级单位内部审批文件
8. 集团公司部门审核意见
9. ××公司对集团公司部门审查意见反馈
10. 中核集团党组会纪要

模板 32

××公司转让（或出租、出售等）××××方案

一、总体情况介绍

公司处置资产原因、处置资产范围及方式等简介。

二、交易双方基本情况介绍

公司基本信息、历史沿革、组织结构、产权结构、人员情况、主营业务情况、资产状况等。

三、处置资产必要性分析

1. 拟处置资产基本情况，包括规模、金额、相关利益方、背景情况等。

2. 资产处置原因：如资产状况恶化、资产保值增值、相关行业发展形势所需、公司经营发展需要、上级组织或法规要求等。

3. 资产处置可行性分析：包括是否具备合法处置方式、资产相关利益方是否同意处置、资产处置是否有受让方，相关受让方是否可以按计划完成受让并支付相关资金等。

四、资产处置具体方案

资产处置方式、资产评估情况、资产处置金额、资产处置条件、资产受让方选择方式、资产处置资金支付方式及时限、经济分析及对资产保值增值的影响、资产评估情况、资产处置风险应对措施等。

五、工作进展情况

1. 公司已开展的相关工作情况介绍

2. 外部评估机构意见及评估所发现问题的解决措施

3. ××公司及二级公司内部审议决策情况

4. 集团公司部门及党组审核意见

5. 捐赠类

表 2-12　捐赠类议案组成清单

序号	议案组成	名称
1	提案	关于提请审议《××××捐赠方案》的议案
2	议案主件	关于××××捐款方案
3	议案说明	编制说明
4	辅助支撑材料	党组前置研究审议意见或会议纪要
		其他材料

附：模板 33

模板 33

关于提请审议《中国核工业集团有限公司××××捐赠方案》的议案

各位董事：

中核集团坚决贯彻落实党中央、国务院关于××××的部署，积极响应国资委关于中央企业开展××××捐赠的通知要求，形成全集团×××户××××万元现金捐赠方案，其中集团总部捐款××××万元。本次捐赠最终受捐对象为：××××。相关捐赠金额已纳入集团年度预算，预计××月××日前，完成捐赠证书、发票收取。

根据中核集团章程规定，中核集团××××年第××次党组会前置研究通过了捐赠方案，中核集团年度捐赠超过××××万元的调整须经董事会审议，现提请董事会审议中核集团××××捐赠方案。

请予审议。

附　件：中核集团××××年第××次党组会会议纪要

（五）改革改制类

改革改制类议案主要包括公司组织形式变更、破产、重组等。改革改制的目的是实现企业组织的实质性改革（包括改变组织结构、经营方式、管理体制等），通常涉及企业或组织的各个方面，关系到企业的生存和发展，关系到组织结构的重大调整，关系到管理体制机制的根本变革，对企业或组织具有影响深远。改革改制类议案编制和审核难度较大，对议案的专业性、系统性、全面性、针对性的要求较高。

改革改制类议案主体通常为相应的改制、破产、重组方案，重点包括：公司整体介绍，改制/破产/重组的目标、原因及必要性分析，产权关系变化，劳动关系变化，党建，国有资产保值保障措施，职工权益保障措施，维稳方案，风险及控制措施以及后续工作等。其中，还应对涉及的法律问题、风险问题以及内外部影响等重要事项进行评估分析，对涉及国有资产保值和职工切身利益的内容进行详细说明。

改革改制类议案说明的整体逻辑和要点与议案主体基本一致，一般应包含事项简述、基本情况、方案核心内容以及有关方面的专业审核/评审意见等。

1. 改制类

改制类议案主要指公司组织形式变动，如有限责任公司改为股份有限公司等。

表 2-13　改制类议案组成清单

序号	议案组成	名称
1	提案	关于提请审议《××公司组织形式变更为股份有限公司方案》的议案
2	议案主件	××公司组织形式变更为股份有限公司方案
3	辅助支撑材料	××公司组织形式变更可行性研究报告
		审计报告、资产评估报告、尽职调查等专业报告
		专家评审意见
		上一年度审计报告
		改制后公司发起人协议
		改制后公司章程
		律师事务所出具的法律意见书
		股东单位及相关行政部门审核意见
		风险评估报告
		职工分流方案和维稳方案
		成员公司党委会纪要
		集团公司部门审核意见及意见反馈
		中核集团党组会纪要
		其他材料

附：模板 34～模板 36

模板 34

关于提请审议××公司组织形式变更为股份有限公司方案的议案

各位董事：

××公司为集团公司全资（控股）子公司，公司×××（生产经营主要特点）。为×××××（变更组织形式的原因），××公司拟以×××××（组织形式变更方式）变更为股份有限公司，具体为××××（组织形式变更主要内容，包括股权变动、资产处置、人员安排等）。

中核集团××××年第××次党组会前置研究，同意××公司组织形式变更方案，同意提请中核集团董事会审议。

根据集团公司有关制度规定，“××××规定”（报董事会审议的具体制度要求），××公司组织形式变更方案需提请董事会。

请予审议。

附　件：1. ××公司组织形式变更为股份有限公司方案
2. 议案说明
3. ××公司组织形式变更可行性研究报告
4. 审计报告、资产评估报告、尽职调查等专业报告
5. 专家评审意见
6. 上一年度审计报告
7. 改制后公司发起人协议
8. 改制后公司章程
9. 律师事务所出具的法律意见书
10. 股东单位及相关行政部门审核意见
11. 风险评估报告
12. 职工分流方案和维稳方案
13. 成员公司党委会纪要
14. 集团公司部门审核意见
15. ××公司对集团公司部门审查意见反馈
16. 中核集团党组会纪要

模板 35

××公司组织形式变更为股份有限公司方案

一、总体情况介绍

公司变更组织形式原因，拟变更的组织形式等。

二、××公司基本情况介绍

基本信息、历史沿革、组织结构、产权结构、人员情况、主营业务情况、财务状况、经营成果等。

三、变更组织形式必要性及可行性分析

1. 必要性：公司经营发展需求，上级组织或法规要求等。

2. 可行性：变更组织形式所需满足的条件，公司符合相关条件分析。

四、组织形式变更具体方案

改制目标、产权关系变化、劳动关系变化、党建、国有资产保值保障措施、职工权益保障措施、维稳方案、风险及控制措施等。

五、工作进展情况

1. 公司已开展的相关工作情况介绍

2. 外部评估机构意见及评估所发现问题的解决措施

3. ××公司及二级公司内部审议决策情况

4. 集团公司部门及党组审核意见

模板 36

议案说明

一、事项简述

二、基本情况

三、上市方案主要内容

四、有关方面意见

2. 重组类

重组类议案主要指两个及以上公司合并为新公司等。

表 2-14　重组类议案组成清单

序号	议案组成	名称
1	提案	关于提请审议《A 公司重组方案》的议案
2	议案主件	A 公司重组方案
3	辅助支撑材料	A 公司重组可行性研究报告
		审计报告、资产评估报告、尽职调查等专业报告
		专家评审意见
		上一年度审计报告
		重组后公司发起人协议
		重组后公司章程
		律师事务所出具的法律意见书
		股东单位及相关行政部门审核意见
		风险评估报告
		职工分流方案和维稳方案
		A 公司党委会纪要
		其他材料

附：模板 37～模板 38

模板 37

关于提请审议《A 公司重组方案》的议案

各位董事：

A 公司为集团公司全资（控股）子公司，公司×××（生产经营主要特点）。为×××××（开展重组的原因），A 公司拟与 B 公司重组为 C 公司，具体为××××（重组工作主要内容，包括股权变动、资产处置、人员变动等）。

中核集团××××年第××次党组会前置研究，同意 A 公司重组方案，同意提请中核集团董事会审议。

根据集团公司相关制度规定，A 公司重组方案需提请中核集团董事会审议。

请予审议。

附　件：1. A 公司重组方案

2. A 公司重组可行性研究报告

3. 审计报告、资产评估报告、尽职调查等专业报告

4. 专家评审意见

5. 上一年度审计报告

6. 重组后公司发起人协议

7. 重组后公司章程

8. 律师事务所出具的法律意见书

9. 股东单位及相关行政部门审核意见

10. 风险评估报告

11. 职工分流方案和维稳方案

12. A 公司党委会纪要

13. 集团公司部门审核意见

14. ××公司对集团公司部门审查意见反馈

15. 中核集团党组会纪要

模板 38

A 公司重组方案

一、总体情况介绍

公司重组原因，拟重组后的公司情况简介等。

二、公司基本情况介绍

参与重组的 A、B 等公司基本信息、历史沿革、组织结构、产权结构、人员情况、主营业务情况、财务状况、经营成果等。

三、重组必要性及可行性分析

1. 必要性：公司经营发展需求，上级组织或法规要求等。

2. 可行性：开展重组所需满足的条件，公司符合相关条件分析。

四、重组工作具体方案

改制目标、产权关系变化、劳动关系变化、党建、国有资产保值保障措施、职工权益保障措施、维稳方案、风险及控制措施等。

五、工作进展情况

1. 公司已开展的相关工作情况介绍

2. 外部评估机构意见及评估所发现问题的解决措施

3. A 公司及二级公司内部审议决策情况

4. 集团公司部门及党组审核意见

3. 破产类

表 2-15　破产类议案组成清单

序号	议案组成	名称
1	提案	关于提请审议《A 公司破产方案》的议案
2	议案主件	A 公司破产方案
3	辅助支撑材料	审计报告、资产评估报告、尽职调查等专业报告
		专家评审意见
		上一年度审计报告
		律师事务所出具的法律意见书
		人员安置方案
		破产期间维稳工作方案
		股东单位及相关行政部门审核意见
		破产期间社会稳定风险评估报告
		A 公司及二级公司内部审议决策情况
		集团公司部门审核意见
		A 公司对集团公司部门审查意见反馈
		中核集团党组会纪要
		其他材料

附：模板 39～模板 40

模板 39

关于提请审议《A 公司破产方案》的议案

各位董事：

A 公司为集团公司全资（控股）子公司，公司×××（存在的主要问题及生产经营难点）。为×××××（开展破产清算的原因），A 公司拟开展破产清算工作，具体为××××（破产工作主要内容，包括向××地方法院申请破产、资产处置、人员安置等）。

中核集团××××年××次党组会会议前置审议，同意 A 公司破产方案，报中核集团董事会审议。

根据集团公司有关制度规定，“××××规定”（报董事会审议的具体制度要求），A 公司破产方案需提请中核集团董事会审议。

请予审议。

附　件：1. A 公司破产方案

2. 审计报告、资产评估报告、尽职调查等专业报告

3. 专家评审意见

4. 上一年度审计报告

5. 律师事务所出具的法律意见书

6. 人员安置方案

7. 破产期间维稳工作方案

8. 股东单位及相关行政部门审核意见

9. 破产期间社会稳定风险评估报告

10. A 公司及二级公司内部审议决策情况

11. 集团公司部门审核意见

12. A 公司对集团公司部门审查意见反馈

13. 中核集团党组会纪要

模板 40

A 公司破产方案

一、总体情况介绍

公司破产原因，资产处置、人员安置情况简介等。

二、公司基本情况介绍

公司基本信息、历史沿革、组织结构、产权结构、人员情况、主营业务情况、财务状况、公司存在的主要问题、生产经营具体困难等。

三、破产必要性分析

公司经营发展难以为继，上级组织或法规要求等。

四、破产工作具体方案

人员安置方案、资产评估及处置方案、财务结算及处置方案、与股东单位沟通情况、与地方法院沟通破产方式情况、社会维稳方案等。

五、工作进展情况

1. 公司已开展的相关工作情况介绍
2. 外部评估机构意见及评估所发现问题的解决措施
3. A 公司及二级公司内部审议决策情况
4. 集团公司部门及党组审核意见

（六）管理类

管理类议案主要包含制度修订、高管任免、机构设置和业绩考核等议案种类。管理类议案的提案中主要应包含制度或业绩考核方案的编制主要原因、背景，党组会议前置研究情况，上会依据等几方面信息。

管理类的议案主体按议案类型的不同通常分为制度草案、任免建议、机构设置方案和业绩考核方案。

管理类议案说明主要是编制依据、有关委员会意见等材料，其中因高管任命和机构设置类议案内容较为简单，通常可以不编制议案说明。

制度修订类议案说明应包括编制原则、编制依据、编制过程（包括征求意见及意见采纳情况）、主要内容、有关会议审议意见和需要特别说明的问题等。

业绩考核类的议案说明包括编制依据、考核过程、考核结果、分配建议、董事会薪酬与考核委员会意见等。

1. 制度类

表 2-16　制度类议案组成清单

序号	议案组成	名称
1	提案	关于提请审议《××××》的议案
2	议案主件	公司章程或制度本身
3	议案说明	编制说明/修订说明
4	辅助支撑材料	征求意见及其响应情况
		总部职能部门出具的专业审核意见

续表

序号	议案组成	名称
4	辅助支撑材料	党组前置研究审议意见或会议纪要
		前期审核的会议纪要或决议
		其他材料

附：模板 41～模板 43

模板 41

关于提请审议《中核集团章程》修订案的议案

各位董事：

为贯彻落实党中央和上级部委相关文件的最新要求，中核集团组织开展了公司章程的修订工作。修订后的章程已经中核集团××××年第×次党组会前置研究讨论，同意提交董事会审议。

根据《中华人民共和国公司法》和国资委有关文件，中核集团章程修订需经董事会审议通过后报送国资委。

请予审议。

附　件：1. 中核集团章程（修订稿）

2. 修订说明

3. 中核集团 2022 年第二次党组会纪要

4. 章程修订对照表

5. 征求意见响应表

模板 42

中国核工业集团有限公司章程

模板 43

修订说明

一、修订背景

根据习近平总书记关于中国特色现代企业制度的重要指示批示精神及国有企业改革三年行动部署，党中央和国资委等国家有关主管部门陆续出台文件，对完善中国特色现代企业制度、推动国有企业改革、加强国有企业公司治理进行指导和规范。为贯彻落实相关要求，及时将改革成果纳入以章程为统领的规章制度体系中，审计与法务部组织开展了中核集团章程修订工作，现已形成章程修订案送审稿。

二、修订原则

（一）落实上级改革要求

（二）参照国资委文件要求进一步规范表述

（三）根据实际简化优化

三、修订过程

四、修订的主要内容

五、请示事项

建议董事会审议并同意中核集团章程修订案。

章程修订对照表

序号	原条款序号	现条款序号	修订前的条款内容	修订后的条款内容	修订依据
1	第一章第三款第三条	第一章第五款第二条	公司注册资本为×××亿元	公司注册资本为×××亿元	中核集团董事会×××次会议决议，国资委有关批复

2. 高管任免类

高管任免类议案主要包括议案正文和职务任免文件等。

表 2-17　高管任免类议案组成清单

序号	议案组成	名称
1	提案	关于提请审议《××××》的议案
2	辅助支撑材料	职务任免文件、简历等

附：模板 44

模板 44

关于提请审议《聘任中国核工业集团有限公司副总经理》的议案

各位董事：

根据《×××同志任职的通知/建议函》（任字〔××××〕××号）和《关于同意×××为中国核工业集团有限公司副总经理人选的通知》（任字〔××××〕××号），×××任中核集团副总经理。

根据中核集团章程规定，推荐中核集团副总经理由董事会聘任。

请予审议。

附　件：1. 任字〔××××〕××号（任免文件）
　　　　2. ×××简历

3. 机构设置类

表 2-18　机构设置类议案组成清单

序号	议案组成	名称
1	提案	关于提请审议《××××》的议案
2	议案主件	调整方案
3	辅助材料	党组前置研究审议意见或会议纪要
		其他材料

附：模板 45～模板 46

模板 45

关于提请审议《中国核工业集团有限公司总部机构调整方案》的议案

各位董事：

为确保中核集团更好地履行推进战略核力量建设和核能开发利用的双重使命，进一步优化管理机制，强化管理效能，中核集团制订了业务、资产整合方案和总部机构调整方案。

该方案已经中核集团××党组会审议通过，并同意提交董事会审议。

请予审议。

附　件：1. 中核集团总部机构调整方案

2. 中核集团××次党组会议纪要

模板 46

中国核工业集团有限公司总部机构调整方案

核工业是高科技战略产业，是国家安全重要基石，推进战略核力量建设和核能开发利用是我们核工业的使命，坚持安全发展、创新发展和军民融合发展，全面提升核心竞争力，是新时代党和国家赋予中核集团的神圣使命，是我们改革发展的总目标和指导思想。

一、总部机构改革调整思路

二、总部机构设计思路

三、总部机构设置建议

四、其　他

4. 业绩考核类

业绩考核类议案因属于日常定期汇报内容，整体结构较为简单，议案主体一般是具体报告本文；议案说明主要包括编制依据、考核过程、考核结果、分配建议、董事会薪酬与考核委员会意见等；辅助支持材料主要包括有关的会议纪要（记录）、所依据的制度规定。

业绩考核类议案主体为待审议的考核责任书、经营业绩考核结果、年薪分配方案等。考核责任书内容通常包括考核周期、考核的具体内容、其他重点工作内容，签订责任书双方的权责以及责任书的变更、解除与终止等材料。经营业绩考核结果内容通常包括考核依据、指标体系、考核结果等。年薪分配方案内容通常包括分配依据、参与分配人员、分配原则和分配方案、分配金额等。具体内容由起草部门负责，按实际情况进行编制，重点做到内容详实、数据充分。提案中主要应包括议案的编制主要原因、背景，党组会议前置研究情况，上会依据等几方面信息。

业绩考核类的议案说明包括编制依据、考核过程、考核结果、分配建议、董事会薪酬与考核委员会意见等。

业绩考核类议案的辅助支持材料较为简单，通常为有关的党组会或者总办会会议纪要（记录）以及所依据的制度规定。

表 2-19　业绩考核类议案组成清单

序号	议案组成	名称
1	提案	关于提请审议《××××年度经理层成员经营业绩考核责任书》的议案
2	议案主件	××××年度经营业绩考核责任书

续表

序号	议案组成	名称
3	议案说明	编制说明
4	辅助支撑材料	党组前置研究审议意见或会议纪要
		薪酬与考核委员会审查意见
		中核集团经理层人员考核和薪酬管理暂行规定
		其他材料

附：模板 47～模板 49

模板 47

关于提请审议《中国核工业集团有限公司××××年度经理层成员经营业绩考核责任书》的议案

各位董事：

根据《中央企业负责人经营业绩考核办法》《中核集团章程》和《中核集团经理层人员考核和薪酬管理暂行规定》的有关规定，为全面完成中核集团××××年经营目标和重点任务，编制了中核集团董事长（代表董事会）与总经理（代表经理层）、总经理与经理层其他成员的经营业绩考核责任书。考核周期为一年，从××××年 1 月 1 日至 12 月 31 日，考核内容包括分管领域总体要求、年度经营目标、重点工作等。

经营业绩考核责任书已经中核集团××××年第×次党组会前置研究，同意提请董事会审议。

请予审议。

附　件：1. ××××年度经营业绩考核责任书

2. 中核集团××××年第×次党组会纪要

模板 48

××××年度经营业绩考核责任书

第一条　考核期

考核周期为一年，即从××××年 1 月 1 日至××××年 12 月 31 日。

第二条　考核内容

一、确保国资委考核目标，完成年度预算（内控）目标

二、完成中核集团重点任务年度目标

三、完成重点督办任务

第三条　双方权责

第四条　责任书的变更、解除与终止

第五条　附　则

模板 49

编制说明

一、背景、依据及范围

二、考核内容

（一）选取原则

（二）××××年主要考核内容及目标

三、集团重点任务分工

四、提请审议事项

××××年××月，中核集团×年第×次党组会前置审议通过，原则同意××××年度高级管理人员经营业绩考核责任书。

建议同意××××年度高级管理人员经营业绩考核责任书。